27270

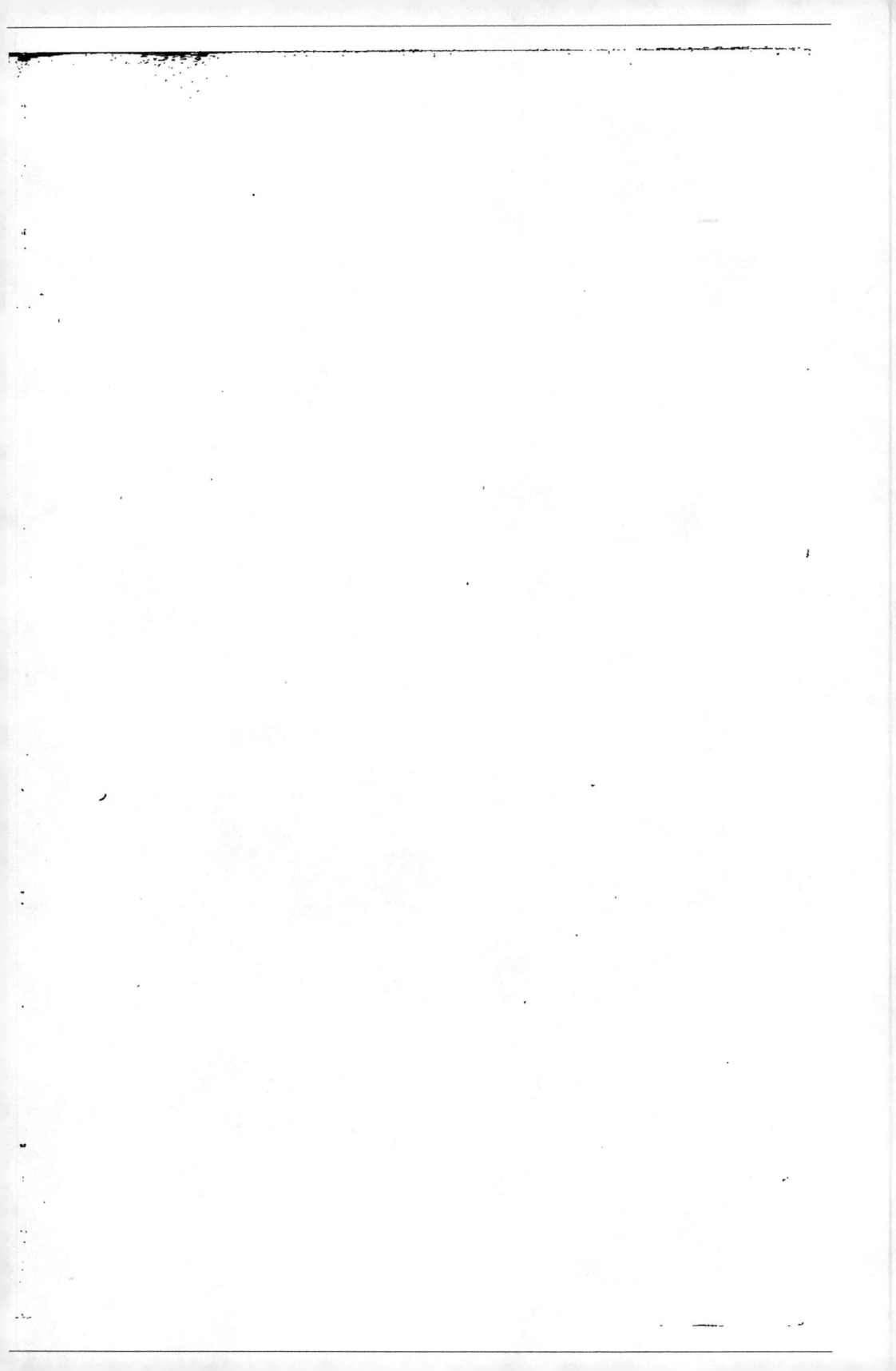

GUIDE PRATIQUE

DE

L'OSTRÉICULTEUR

Paris. — Imprimerie de P.-A. BOURDIER et Cᵉ, rue des Poitevins, 6.

BIBLIOTHÈQUE DES PROFESSIONS INDUSTRIELLES ET AGRICOLES
Série II. No 52.

GUIDE PRATIQUE

DE

L'OSTRÉICULTEUR

ET PROCÉDÉS D'ÉLEVAGE ET DE MULTIPLICATION

DES RACES MARINES COMESTIBLES

PAR

M. FÉLIX FRAICHE

PROFESSEUR DE SCIENCES MATHÉMATIQUES ET NATURELLES

PARIS

LIBRAIRIE SCIENTIFIQUE, INDUSTRIELLE ET AGRICOLE

Eugène LACROIX, Éditeur

LIBRAIRE DE LA SOCIÉTÉ DES INGÉNIEURS CIVILS

15, quai Malaquais

1865

GUIDE PRATIQUE

DE

L'OSTRÉICULTEUR

INTRODUCTION

ÉTAT ACTUEL DE L'INDUSTRIE HUITRIÈRE
SUR LE LITTORAL DE LA FRANCE

L'industrie huîtrière, arrivée jadis à un haut degré de perfection chez les Romains, comme le prou-
vent l'exploitation du lac Lucrin par Sergius Orata,
qui, au dire de ses contemporains, n'eût pas été
embarrassé pour faire pousser des huîtres sur les
toits, et l'industrie encore en pleine activité du lac
Fusaro, a toujours été en France abandonnée aux
seules forces de la nature. Il en est résulté que nos
gisements d'huîtres, si nombreux et si abondants,
suffisants aux besoins de la consommation, alors

1

que la lenteur des communications empêchait la propagation de ce coquillage, n'ont pu résister à l'exploitation abusive dont ils ont été l'objet, quand nos chemins de fer ont permis de le répandre partout et ont suscité à ce comestible des millions de consommateurs nouveaux.

En 1858, M. Coste adressait à l'Empereur un rapport sur l'état des huîtrières du littoral, et exposait en ces termes le déplorable appauvrissement de « l'industrie huîtrière, tombée dans une telle dé-
« cadence, que, si l'on n'y portait un prompt re-
« mède, on aurait bientôt épuisé la source de toute
« production.

« A la Rochelle, à Marennes, à Rochefort, aux
« îles de Ré et d'Oléron, sur vingt-trois bancs for-
« mant naguère l'une des richesses de cette partie
« de notre littoral, il y en a dix-huit de compléte-
« ment ruinés, pendant que ceux qui fournissent
« encore un certain produit sont gravement com-
« promis par l'invasion croissante des moules. Aussi
« les éleveurs de ces contrées, ne pouvant plus y
« trouver une récolte suffisante pour garnir leurs
« parcs et leurs claires du coquillage qu'ils y en-
« graissent et perfectionnent, sont-ils contraints
« d'aller le chercher à grands frais sur les côtes de
« Bretagne, sans suffire pour cela aux besoins de
« la consommation.

« La baie de Saint-Brieuc, si admirablement et
« si naturellement appropriée à la reproduction de
« l'huître, et qui portait autrefois, sur un fond so-
« lide et toujours propre, treize bancs en pleine
« activité, n'en a plus que trois aujourd'hui, dont
« avec vingt bateaux on enlèverait en quelques jours
« jusqu'à la dernière coquille, tandis que, au temps
« de la prospérité du golfe, plus de deux cents
« barques, montées par quatorze cents hommes,
« étaient occupées chaque année à l'exploitation, du
« 1er octobre au 1er avril, et y trouvaient de trois à
« quatre cent mille francs de récolte.

« Dans la rade de Brest et à l'embouchure des
« rivières de la Bretagne la décadence fait de moins
« rapides progrès, parce que ces parages fertiles
« n'ont pas encore subi une aussi active exploita-
« tion; mais, comme le dépeuplement des autres
« parties de notre littoral oblige d'aller leur de-
« mander ce qu'on ne rencontre plus ailleurs, ils
« marchent visiblement vers la même ruine. A Can-
« cale et à Granville, dans ces deux quartiers clas-
« siques de la multiplication du coquillage, ce n'est
« qu'à force de soins et de bonne administration
« qu'on réussit, non point à accroître la récolte,
« mais à modérer son déclin. »

Tel était donc, en 1858, à l'époque où M. Coste
écrivait ce rapport, le déplorable état de l'industrie

huîtrière sur les côtes de France ; état d'autant plus menaçant pour l'avenir, qu'il coïncidait précisément avec le moment où le réseau de nos chemins de fer achevant de se compléter, permettait de répandre en quelques heures sur toute la France, et jusque dans les départements les plus éloignés de la mer, les produits de l'Océan, et allait à coup sûr en accroître la consommation, en mettant un grand nombre de nos populations à même de profiter de richesses comestibles que leur interdisait primitivement l'éloignement des centres de production.

Le renchérissement progressif du coquillage, en même temps que la diminution de ses qualités de finesse et d'engraissement, furent les conséquences immédiates de cet état de choses. Mais une conséquence bien autrement grave et menaçante fut la diminution croissante de notre population maritime, seule source où se recrutent de nos jours les matelots de notre flotte ; car là où cinquante bateaux, ayant chacun de cinq à huit hommes d'équipage, trouvaient aisément à gagner leur vie par l'exploitation des huîtres, c'est à peine si de nos jours dix bateaux peuvent subvenir à l'entretien de quinze ou vingt familles, qui n'ont pourtant d'autre moyen d'existence que la pêche du coquillage. De là l'abandon presque général de la carrière maritime, l'appauvrissement et la dégradation de notre population côtière, et enfin l'affaiblissement imminent de notre marine militaire.

C'est alors que M. Coste découvrit un remède au mal qu'il avait signalé, et obtint de la munificence du chef de l'État les moyens d'expérimenter en grand le repeuplement des bancs d'huîtres du littoral de l'Océan, et d'appliquer à ce grand but humanitaire les principes que lui avaient révélés ses savantes recherches et ses longs travaux. La rade de Saint-Brieuc fut choisie pour cette première expérience, et dans l'espace de deux mois, mars et avril 1858, eut lieu l'ensemencement général de la baie, à l'aide d'huîtres prises à la mer, à Cancale et à Tréguier. Deux avisos de l'État, l'*Ariel* et l'*Antilope,* furent employés aux manœuvres de cet ensemencement, et répandirent le coquillage sur dix bancs longitudinaux répartis dans divers endroits du golfe, puis soigneusement balisés, pour qu'ils pussent être aisément reconnus, explorés et surveillés. Les fonds furent pavés d'écailles d'huîtres, de valves de cardium et d'autres coquillages, dans le but d'offrir au naissain des supports et des abris ; puis des fascines de branchages, de deux à trois mètres de long, maintenues par des lests en pierre à peu de distance des fonds, complétèrent un appareil collecteur suffisant pour retenir et fixer toute la progéniture à venir.

Six mois après, déjà l'expérience promettait un plein succès; des écailles et des fascines retirées des fonds ensemencés, et dont nous offrons ici la représentation fidèle (*fig.* 1 et 2), se présentèrent littéralement couvertes de jeunes huîtres, en si grande abondance, que jamais Cancale et Granville, au plus beau temps de leur prospérité, n'avaient vu un spectacle pareil. Un seul fait suffira pour donner un aperçu de l'immense richesse créée ainsi en quelques mois. Sur une seule fascine on a compté jusqu'à vingt mille huîtres. Or, l'huître se vendant sur place vingt francs le mille, c'est une somme de quatre cents francs que cette seule fascine promettait pour l'avenir.

L'expérience était décisive, il ne restait plus qu'à en propager les enseignements et à lui susciter des imitateurs, non-seulement sur les autres points des côtes de l'Océan, mais aussi sur le littoral de la Manche et de la Méditerranée. C'était une belle mais immense tâche, à laquelle M. Coste n'a point failli.

Son initiative eut bientôt de nombreux imitateurs. Dans la baie d'Arcachon, des possesseurs de claires et de parcs surent les transformer en bassins de multiplication, en véritables ruches, d'où des milliers d'huîtres sortirent tous les ans, assurant pour l'avenir à cette côte, alors presque aride, un revenu certain de douze à quinze millions. Par les soins

du gouverne-
ment, deux
établissements
modèles furent
fondés sur
cette baie, et
cent douze
concessionnai-
res, associés à
des marins in-
scrits, vinrent
exercer la nou-
velle industrie
sur une éten-
due de quatre
cents hectares
de terrains
émergents que
leur livrait l'ad-
ministration.

En 1863, en
six marées et
sur la moitié
seulement des
terrains repeu-
plés, les pê-
cheurs ont pris

Fig. 1. — Brindille chargée d'huîtres (grandeur naturelle).

16,000,000 d'huîtres, c'est-à-dire plus que n'en

Fig. 2. — Valve de cardium couverte d'huîtres (grandeur naturelle).

ont jamais donné les huîtrières séculaires de Cancale et de Granville. Enfin, j'ai eu l'occasion de visiter moi-même un parc artificiel, créé depuis trois ans seulement, pour lequel, pour frais de toute sorte, le possesseur a eu à débourser 12,000 fr., et qui, au moment de ma visite, trouvait acquéreur à 40,000 fr.

Dans l'île de Ré, trois mille hommes sont descendus de l'intérieur des terres pour exploiter des terrains émergents que l'administration leur concédait par lots individuels, et dans des conditions qui nécessitaient de leur part d'immenses et longs travaux préparatoires, car le terrain qu'ils allaient exploiter n'était qu'une immense vasière, à la place de laquelle, aujourd'hui, on trouve plus de deux mille parcs en pleine activité, occupant toute la côte, de la pointe de Rivedoux à celle de Loix; une longueur de quatre lieues, sur une superficie de près de deux cent cinq hectares. Dans ces parcs, on compte aujourd'hui, en moyenne, six cents huîtres par mètre carré, ou, en totalité, deux milliards de sujets, dont la valeur, au moment où leur taille en permettra la vente, sera environ de quarante millions.

Avant que l'industrie nouvelle eut transformé, pour ainsi dire, la nature aride et désolée du littoral, les 18,000 habitants de l'île de Ré n'avaient comme source de revenu que la culture de l'orge

1.

et de la vigne, qui ne donnaient que des produits peu abondants et de maigre qualité, et l'industrie de la pêche, produisant environ 50 fr. par mois et par bateau. Cet état de choses, bien loin de s'améliorer, n'a fait qu'empirer jusqu'en 1858, où l'insulaire Hyacinthe Bœuf, de Rivedoux, entreprit le premier, sur dix-huit cents mètres de terrain émergent, concédé par l'État, la multiplication et la culture des huîtres. Bœuf était maçon ; il commença par enclore sa propriété d'un mur de pierre, ou *banche*, puis il couvrit le sol de paille et de fascines pour consolider la vase et recevoir les huîtres qu'il se proposait d'aller chercher en Bretagne ; car la côte de l'île en était absolument dépourvue. Aussi quel ne fut pas son étonnement quand il vit les pierres de son mur se couvrir spontanément de naissain arrivant du large, probablement des parcs de la côte de Nieulle, et de compter près de deux mille jeunes huîtres par mètre carré de surface. Défaisant alors pierre à pierre sa clôture, déposant les huîtres sur le fond du parc et favorisant leur développement par quelques soins intelligents, il eut l'honneur de créer dans l'île l'industrie qui devait y amener la richesse et le travail. Son exemple fut bientôt suivi ; de nombreux parcs se créèrent, et déjà, en 1860, on vendait pour 3,150 fr. d'huîtres, et, en 1863, pour 53,000 fr., sans compter les milliers d'huîtres déposées dans les claires de perfectionnement, et dont la valeur ne saurait s'estimer au-dessous de 25 à 30,000 fr. Je ne saurais sans injustice taire ici le nom du docteur Kemmerer, de Saint-Martin, dont les travaux et l'exemple ont été pour beaucoup dans les progrès de l'ostréiculture à l'île de Ré.

Le travail de transformation qui s'est effectué dans le bassin d'Arcachon et sur la côte de l'île de Ré gagne progressivement tous les jours sur toute l'étendue du littoral de l'Océan, et les progrès constants de l'industrie huîtrière ne tarderont pas à s'étendre aussi à la Méditerranée, multipliant ainsi à l'infini les richesses comestibles dont la mer contient les germes inépuisables, créant sur ces parages, désolés par la misère et la stérilité, la richesse et l'abondance, et y attachant une forte et nombreuse population maritime, pépinière d'élite pour le recrutement de nos flottes. Tels sont déjà les résultats immenses dus à l'initiative savante et dévouée de M. Coste, et à l'aide puissante et efficace qu'il a trouvée auprès du chef de l'État, qui n'a pas hésité à mettre au service de cette grande œuvre humanitaire les fonds et le matériel nécessaires.

Le domaine de la mer est une propriété publique; à l'État seul revenait donc le droit et le devoir d'apporter un prompt remède à l'appauvrissement crois-

sant et à la stérilité imminente d'une des branches
de la richesse publique ; on a vu par tout ce qui précède qu'il n'a point failli à ce devoir ; mais de ce
que la source première de l'industrie huîtrière est
aujourd'hui reconstituée, du moins pour un avenir
très-prochain, s'ensuit-il que cette industrie ne
puisse prospérer et se développer que sur de vastes
espaces comme les baies de Saint-Brieuc et d'Arcachon, et à l'aide de puissants moyens, comme
les navires de l'État et leur nombreux et intelli-
gent équipage ? S'ensuit-il, en un mot, qu'il n'y ait
rien à faire pour l'initiative personnelle des riverains ? Nous pensons tout le contraire, et c'est parce
que nous croyons qu'il y a beaucoup à faire, et que
la culture des espèces marines est une mine inépui-
sable, à l'exploitation fructueuse de laquelle chacun
peut trouver sa part, dans la mesure de ses forces
et de ses moyens, que nous avons écrit ce livre, destiné spécialement aux propriétaires des terrains
maritimes, des marais salants, et aux possesseurs des
parcs, des claires et des étalages, dont ils pourront
aisément centupler les produits.

En effet, les travaux d'ensemencement exécutés
par l'État, la reconstitution des anciens gisements,
la création même de nouveaux bancs, là où il n'en
avait point existé jusqu'ici, sont, on ne saurait le
nier, des résultats immenses ; c'est le rétablissement

de la richesse maritime nationale par la reconstitution du fonds d'exploitation ; mais c'est aussi un
grand exemple que tout particulier, possesseur de
terrains émergents, de lacs salés, ou simplement
de terrains voisins de la côte, peut suivre avec
profit, en créant des huîtrières artificielles, des
bassins de production où il mettra en culture l'huître,
la moule, les crustacés et même les poissons marins,
et où il recueillera sans intermittence une fructueuse et abondante récolte, là où la vase ou le
galet condamnait primitivement le sol à une éter-
nelle stérilité.

C'est dans le but d'éclairer les riverains sur une
source immense de richesse qu'il ne tient qu'à eux
d'exploiter et pour leur en faciliter les moyens que
j'ai réuni dans cet ouvrage l'ensemble des principes,
tous aujourd'hui sanctionnés par l'expérience, qui
doivent les guider dans cette culture d'un nouveau
genre. La question de l'ostréiculture sera donc
traitée ici à un point de vue restreint, celui d'une
exploitation particulière, telle que la pourrait entreprendre le saunier ou l'amareilleur désireux d'augmenter le revenu de son marais ou de sa claire.

Fidèle au plan que j'ai suivi dans un précédent
ouvrage sur la culture des poissons d'eau douce, j'ai
fait précéder les procédés proprement dits de l'ostréiculture de notions sur les fonctions, les mœurs

et la structure des diverses espèces, mollusques et crustacés, dont la culture peut être entreprise avec profit, et d'une étude sur les causes du dépeuplement des fonds de notre littoral. Car ce n'est qu'en agissant en pleine connaissance de cause, c'est-à-dire en raisonnant ses travaux, et choisissant ses procédés d'après la nature des élèves, les circonstances de l'élevage et celles des milieux, que l'on peut espérer de mener à bien une exploitation de ce genre. C'est pour n'avoir pas suivi la voie rationnelle, que bien des essais antérieurs aux travaux actuels ont échoué. Mais leurs auteurs avaient une excuse, l'ignorance presque absolue des mœurs et des besoins des espèces sur lesquelles ils expérimentaient, et ils n'avaient pour guide que les erreurs nombreuses et accréditées qui entachaient cette branche de l'histoire naturelle. Il appartenait aux savantes recherches de M. Coste de les constater et de les détruire. Grâce à lui, la route est sûre, le guide est trouvé, et l'insuccès ne peut plus avoir pour raison d'être que l'ignorance volontaire ou l'incurie.

Aussi tel n'a pas été le sort des entreprises de repeuplement faites récemment par M. Thibaut, sur le rocher des Bouchots, près Oléron; par le gouvernement, sur la digue de Richelieu, à la Rochelle; par M. Boissière, à Arcachon; enfin, entre bien d'autres, par M. de Cressoles, dans le marais de

Kermoor, où, unissant les pratiques d'une saine agriculture à celles de l'ostréiculture, il a su transformer un marais inculte et pestilentiel en vastes réservoirs à poissons et à huîtres, entourés de riches prés salés. Leur exemple est à la fois une preuve et un encouragement; mon plus vif désir serait que ce livre leur suscitât de nombreux imitateurs.

HISTOIRE NATURELLE

DES MOLLUSQUES ET DES CRUSTACÉS

MOLLUSQUES

Le troisième embranchement du règne animal, celui des mollusques, réunit les animaux dont le corps, symétrique en général, c'est-à-dire formé d'un ensemble de parties pareilles des deux côtés d'une ligne médiane, n'est jamais soutenu par un squelette intérieur, comme dans les vertébrés, ou extérieur, comme chez les crustacés, et ne présente aucune division en anneaux comme les annélides. Le corps est mou, d'une consistance comme gélatineuse ; le plus souvent enfermé dans un test calcaire ou coquille, univalve ou bivalve. Le système nerveux des mollusques, spécialement ganglionaire, ne présente point de disposition longitudinale, comme on le remarque chez les vertébrés et les articulés, il consiste simplement en des petits nodules ou ganglions de matière nerveuse, réunis çà et là par quelques cordons nerveux, et dispersés dans le corps dans le voisinage des organes principaux.

Les mollusques respirent comme les poissons, à l'aide de branchies, c'est-à-dire de lamelles superposées, ou de filaments ramifiés qui jouissent de la faculté de séparer de l'eau et d'absorber les éléments gazeux qu'elle tient en dissolution. Quelques espèces seules, et alors elles sont toujours terrestres, présentent une cavité respiratoire interne, à laquelle on donne par analogie le nom de poumon.

Les mollusques les plus parfaits comme organisation sont rangés dans la classe des *Céphalopodes* (κεφαλή; πούς, tête-pied), ainsi nommés à cause des appendices tactiles ou préhensiles qui garnissent la tête tout autour de la bouche, et que l'on nomme pieds ou tentacules. La seule espèce utile est la seiche officinale (*sepia officinalis*), qui produit la couleur nommée sépia, et l'os poreux vendu dans le commerce sous le nom de biscuit de mer. Puis le poulpe, nommé aussi *calmar, encornet,* qui sert d'aliment à quelques populations pauvres des côtes d'Italie.

La seconde classe des mollusques est celle des *Gastéropodes* (γαστήρ, πούς, ventre-pied); ils doivent leur nom à une base charnue contractile qui leur sert d'organe de locomotion, et leur coquille, lorsqu'elle existe, est toujours univalve; tels sont le limaçon, la limace, la porcelaine, le casque, etc.

Enfin la dernière classe, celle des mollusques les plus imparfaits, et qui pourtant renferme des espèces extrêmement importantes au point de vue du commerce et de l'alimentation publique, est celle des acéphales (ἀ, κεφαλή, sans tête); elle renferme tous les mollusques à coquille bivalve; dans cette classe se trouvent l'huître et la moule, que nous allons étudier. Ces mollusques n'ont point de tête distincte, d'où leur nom; leur corps, sous forme d'un disque ovale et aplati, est percé à une extrémité d'un orifice buccal entouré d'appendices tactiles qui semblent appelés à suppléer les organes de la vue et du tact. De chaque côté du corps s'étendent deux replis de la peau, formés d'une double membrane, et qui, tapissant l'intérieur de la coquille, protégent l'animal contre son contact immédiat et les frottements qui pourraient se produire; c'est ce qu'on nomme le manteau. Quelques espèces, la moule entre autres, présentent une sorte de pied charnu, qui, au besoin, fait saillie par les valves de la coquille, entre les plis du manteau, et peut aider à la locomotion. Néanmoins, la plupart des mollusques acéphales vivent fixés à demeure sur les corps solides sous-marins, soit par la soudure de la matière calcaire de leur coquille avec celle du corps où ils s'attachent, comme les huîtres, soit à l'aide d'un bouquet de poil naissant près de la charnière qui unit les valves, et que l'on nomme *byssus*. D'autres espèces enfin vivent enfoncées dans la vase, ou se déplacent et nagent à d'assez grandes distances. On les rencontre dans les eaux douces de nos rivières et de nos lacs, et dans toutes les eaux marines.

HUITRE.

Les naturalistes ont réuni sous la dénomination commune d'huître un grand nombre de mollusques assez différents d'aspect ; tels sont les coquillages connus sous les noms de *gryphées, plicatules, vulselles, marteaux, limes, peintadines, podopsides*, etc. Ces mollusques, répandus en abondance dans les eaux douces et marines, à tous les âges du globe, ont donné naissance à d'abondants dépôts fossiles : on en rencontre dans les terrains crétacés de Versailles, de Meudon et dans tous les terrains auxquels leur origine de formation marine a ait donner le nom de terrains neptuniens. Sans entrer dans d'inutiles détails sur les genres divers de cette famille, lesquels n'offrent, comme comestibles, qu'un intérêt nul ou très-restreint, nous n'étudierons que l'huître comestible (*ostrea edulis*), reconnaissable à son corps comprimé orbiculaire, à sa coquille adhérente à l'aide d'un seul muscle adducteur large et puissant, et formée de deux valves inégales, l'une plate, l'autre convexe, dont la charnière est dépourvue de dents, et dont la substance semble formée de feuillets circulaires imbriqués, c'est-à-dire superposés comme les ardoises d'un toit. Telles sont l'huître commune (*fig.* 3), que l'on

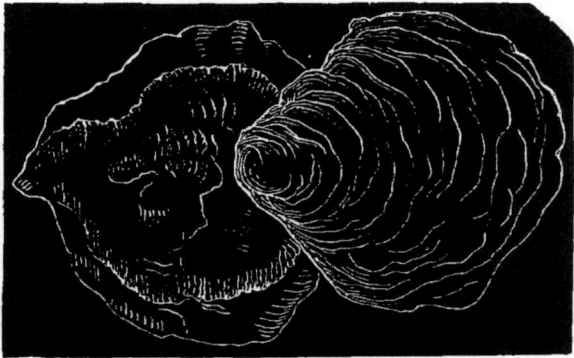

Fig. 3. — Huître comestible.

sert sur nos tables, l'huître pied de cheval (*ostrea hippopus*) très-grande, très-épaisse, mais peu estimée, que l'on trouve surtout à Boulogne-sur-Mer, et sur quelques côtes de la Méditerranée ; l'huître de Beauvais (*ostrea bellovacina*) qui se pêche à Bracheux, près Beauvais, etc. Mais l'huître est si bien connue de tout le monde, que, sans nous attarder à une description minutieuse de l'animal, nous passerons de suite à l'étude du phénomène qui a pour nous une importance capitale, je veux parler de son mode de reproduction.

L'huître est hermaphrodite ; c'est-à-dire que chaque individu renferme à la fois l'ovaire, organe femelle ou producteur des œufs, et les spermatozoïdes, le testicule, organe fécondant. Cette question, longtemps débattue (MM. Quatrefages et Blanchard ont soutenu l'opinion contraire, et plusieurs mémoires déposés à l'Académie des sciences traitent de procédés de fécondation artificielle et d'ensemencement des bancs d'huîtres) est aujourd'hui complétement élucidée ; il est reconnu que chez tout individu on rencontre à la fois les œufs et les infusoires fécondants, et que, de plus, dans le sein même de l'animal, les œufs présentent tous les caractères de la fécondation bien avant que, quittant les ovaires, ils aient atteint le lieu où une fécondation externe pourrait se faire. On ne saurait donc songer à opérer sur les œufs de l'huître une fécondation artificielle, qui exigerait qu'on aille les extraire du sein même de l'huître mère, alors que leur état de développement serait encore incompatible avec une existence indépendante.

Pendant l'espace de trois mois environ, de juin

en septembre, les huîtres frayent. Les œufs se développent dans l'ovaire, placé profondément dans le corps de l'animal, et de là, lorsqu'ils sont arrivés à un certain état de maturation et que la fécondation a eu lieu, ils descendent par des canaux spéciaux dans un repli du manteau, où ils restent en incubation, baignés dans une matière muqueuse, et ils y achèvent leur développement. Les œufs forment à ce moment deux masses blanchâtres crémeuses, qui augmentent beaucoup le volume de l'huître, et la font rechercher alors de préférence par certains amateurs; j'ajouterai à tort, car c'est l'instant où l'animal demanderait surtout à être respecté. A ce moment les œufs sont pour ainsi dire pondus, mais ils n'abandonnent point encore le manteau protecteur de l'huître mère; ils ont besoin de subir une évolution incubatoire, pendant laquelle la masse perd de sa fluidité, prend une teinte noirâtre violacée, indice certain de leur maturité. Les embryons peuvent en effet, dès lors, avoir une existence indépendante, et, enlevés du manteau de l'huître qui les porte, on peut les conserver vivants pendant plusieurs jours dans de l'eau de mer; et si renouvelant fréquemment cette eau on leur offre des corps solides, brindilles de bois, fragments de coquilles, auxquels ils puissent se fixer, on peut reproduire artificiellement ainsi ce qui se passe à chaque ponte au sein de l'Océan.

Quoi qu'il en soit, lorsque la masse embryonnaire a pris la consistance et l'aspect d'une boue d'un noir bleuâtre, les jeunes quittent le manteau de l'huître mère et se dispersent dans les flots. Chaque individu est alors muni d'un appareil natatoire spécial à cet âge, lequel disparaît lorsque le petit animal a trouvé un lieu propice où il puisse se fixer et traverser les diverses phases de son développement ultérieur. C'est (*fig.* 4) un bourrelet

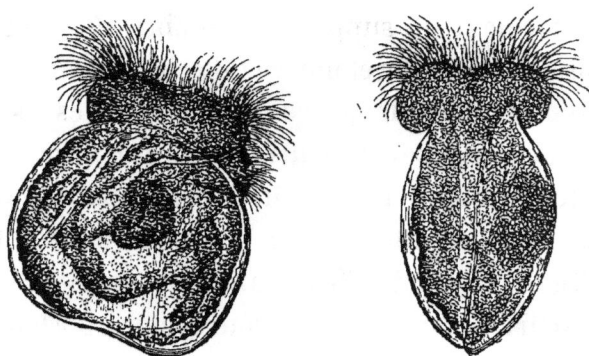

Fig. 4. — Embryon de l'huître.

charnu, couvert de poils mobiles; des muscles puissants permettent à l'animal de lui donner à volonté un mouvement de projection et de rétraction sur lui-même, qui lui fait remplir l'office d'une sorte de propulseur. Les figures ci-dessus représentent une jeune huître venant de quitter le manteau de l'huître mère; la première la montre vue par la face la plus large; la seconde la représente vue de profil; à la partie supérieure on voit le bourrelet cilié moteur.

Le nombre des embryons résultant de la ponte d'une seule huître mère ne saurait s'estimer à moins de un ou deux millions, et l'imagination s'effraye à l'idée du nombre incommensurable de jeunes mollusques auxquels donnerait naissance la ponte annuelle d'un seul banc d'huîtres, si cette poussière vivante, qui à un moment donné se répand dans les flots, trouvait pour chacun des petits êtres qui la forment un support et un abri sûr, qui lui permissent de se développer et d'échapper aux causes innombrables de destruction auxquelles les lois mêmes de la nature et l'incurie humaine les exposent.

Pour qu'une jeune huître récemment éclose puisse vivre et atteindre le moment où un test calcaire solide lui offrira un abri suffisamment protecteur, il faut qu'elle trouve à sa portée un corps solide, pierre, bois, coquillage, etc., sur lequel elle puisse se fixer; qu'elle soit à l'abri de courants trop violents qui l'entraîneraient au loin; à l'abri des dépôts vaseux qui l'étoufferaient; qu'elle ne tente la voracité d'aucun des habitants de la mer, parmi lesquels d'innombrables variétés de crustacés, de vers, de polypes, font leur unique nourriture de ces corpuscules organiques animés, proie facile pour eux, et aliment spécialement approprié à leur nature. Il faut enfin, et surtout, qu'aucune main malhabile ou avide ne vienne, d'un coup de râteau ou de drague, arracher et bouleverser les supports où le naissain s'est fixé, et enterrer sous la vase qu'il soulève, et pour recueillir à peine quelques huîtres de taille comestible, toutes les jeunes générations auxquelles elles ont donné naissance.

Si le jeune animal peut échapper à ces causes multiples de destruction, au bout de six mois environ il atteint une taille de 8 à 10 millimètres, accroissement rapide s'il en fut, eu égard à sa taille au moment de l'éclosion, un cinquième de millimètre au plus. Au bout d'un an, la jeune huître a de 4 à 5 centimètres de diamètre, et dans le courant de la troisième année ses dimensions, comprises entre 8 et 10 centimètres, la rangent dans la classe des huîtres marchandes, que l'on peut livrer au commerce. La figure 5, (page suivante), représente en vraie grandeur, et portées sur le même support, des huîtres de divers âges.

A, huîtres de 12 à 14 mois.

B, huîtres de 5 à 6 mois.

C, huîtres de 3 à 4 mois.

D, huîtres de 1 à 2 mois.

E, huîtres de 15 à 20 jours.

2

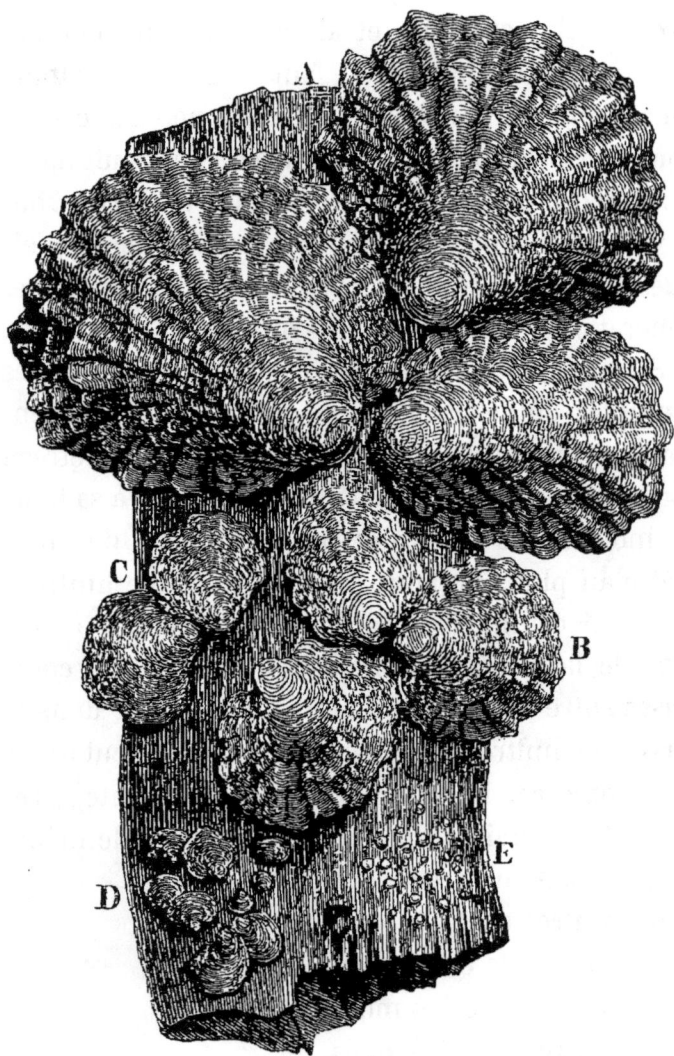

Fig 5. — Huîtres de divers âges (grandeur naturelle).

Mais, comme à peu près tous les animaux destinés à l'alimentation de l'homme, l'huître est susceptible de perfectionnement par un élevage ou une culture particulière, qui lui donne une saveur et un aspect que n'ont pas les huîtres prises à la grande source commune, l'Océan. Sur toutes nos côtes, partout où l'on pêche des huîtres, on sait qu'un séjour assez prolongé dans ce que l'on appelle un parc leur est nécessaire pour acquérir les qualités qui les font rechercher des consommateurs.

Sous le nom générique de parcs, on désigne des réservoirs pleins d'eau de mer, que des écluses et des vannes mettent, à chaque marée et à volonté, en communication avec l'Océan, et où l'on dépose les huîtres, après chaque pêche, pour les y conserver, et les recueillir ensuite à proportion des besoins du commerce. Dans cette eau stagnante, chargée de principes organiques, à l'abri de toute agitation, les huîtres grandissent et grossissent rapidement, elles s'engraissent, et perdent la saveur amère et la consistance un peu coriace de l'huître naturelle. Aussi est-il fort à regretter que la diminution progressive de ce coquillage ne permette aux pêcheurs que de faire faire un trop court séjour dans les parcs aux produits de leur pêche; le comestible y perd en qualité, en même temps que son prix sans cesse croissant en fait un aliment de luxe réservé aux tables des riches. Souvent même on met en vente sur nos marchés des huîtres expédiées aussitôt après la pêche et sans avoir été parquées.

Ce mode d'élevage des huîtres, à l'aide des parcs, forme, pour les riverains de l'Océan, entre le havre de Brouage et l'embouchure de la Seudre, une industrie spéciale, qui fait la principale richesse du territoire de Marennes. Là, dans des viviers ou parcs, auxquels dans le pays on donne le nom de *claires*, et qui diffèrent des parcs ordinaires en ce qu'ils ne boivent, c'est-à-dire ne reçoivent les eaux de la mer, qu'aux grandes marées des syzygies, aux nouvelles et pleines lunes, tandis que les parcs boivent à chaque marée, là, dis-je, les éleveurs d'huîtres, connus sous le nom d'*amareilleurs*, élèvent des huîtres provenant, soit de leurs pêches personnelles sur les bancs de la contrée, soit de pêches faites sur les côtes de la Bretagne, de la Normandie ou de la Vendée, et produisent les huîtres si recherchées dans le midi et le centre de la France sous le nom d'huîtres vertes.

Dans les claires de Marennes, les huîtres qui sortent blanches, ou du moins peu colorées, du sein de l'Océan, acquièrent une couleur vert foncé, qui domine surtout dans les lames branchiales que le manteau renferme, et cette coloration, estampille de la véritable huître de Marennes, fait préférer les produits des claires aux huîtres de toute autre provenance. La raison en est simple, et la couleur n'y est que pour peu, ou mieux même pour rien.

L'huître déposée jeune, et cette condition est indispensable, dans les claires de Marennes, soumise à une surveillance assidue, à une espèce de stabulation, y acquiert, en même temps que la couleur caractéristique, une finesse de chair, une délicatesse de saveur et un état d'engraissement qu'elle ne saurait acquérir dans les fonds vaseux et sans cesse troublés des bancs naturels; là est sa supériorité réelle; supériorité qu'elle acquerrait également dans tout autre parc où elle serait l'objet des mêmes soins, alors même qu'elle conserverait sa couleur naturelle. Cela est si vrai, que les huîtres adultes placées dans les claires de Marennes y verdissent rapidement, mais restent néanmoins toujours, comme consistance et saveur, ce qu'elles étaient au moment de la pêche, bien qu'elles présentent tous les caractères extérieurs des huîtres les plus recherchées.

Quant à la coloration particulière des huîtres parquées dans les claires de Marennes, on l'a attribuée, soit à certaines algues marines qui s'y multiplient, soit à la présence d'un animalcule (*Vibrio ostrearius*), soit à une maladie de l'huître, une

2.

sorte d'ictère, ou affection du foie; mais il paraît démontré aujourd'hui que cette coloration provient uniquement de la nature du sol qui forme le fond des claires, et que tout parc dont le sol aurait pour base une marne bleue, ou une argile riche en composés ferrugineux, donnera aux huîtres qu'on y parquera cette coloration si recherchée, qui, du reste, n'aura plus d'importance le jour où l'huître blanche élevée dans un parc avec les mêmes soins présentera les mêmes qualités.

Sur les côtes où les circonstances favorables permettent leur multiplication, les huîtres forment des amas ou bancs souvent d'une étendue de plusieurs hectares. Ces bancs sont constitués par l'agglomération d'huîtres de divers âges, dont les coquilles se soudent, soit aux pierres et aux rochers qui garnissent les fonds, soit aux coquilles des huîtres voisines. Sans les manœuvres meurtrières de la pêche actuelle, ces bancs iraient sans cesse en augmentant d'étendue et d'épaisseur, et, par suite, de richesse, par l'accumulation annuelle des germes nouveaux; accumulation singulièrement favorisée par les vides et les saillies sans nombre du milieu où ils naissent.

Les huîtres les plus estimées en Europe viennent d'Angleterre, les meilleures de France se pêchent sur les côtes de la Bretagne et de la Normandie. Celles que l'on consomme à Paris viennent du nord; de Cancale, de Dieppe, d'Étretat, de Dunkerque, etc. Le midi et le centre de la France s'approvisionnent surtout à Bordeaux, à la Rochelle, et sur les quelques rares bancs non encore épuisés du littoral ouest de la France. Les parcs principaux sont ceux de Marennes, de Saint-Waast, de Courceul, d'Étretat, de Fécamp, de Dieppe, du Tréport et de Dunkerque.

La pêche se fait à l'aide de la drague, espèce de pelle recourbée que l'on traîne au fond de la mer ; elle écorche la superficie du sol, et verse dans une poche en cuir ou en filet, disposée *ad hoc*, tout ce qu'elle arrache. Lorsque le filet est plein, on remonte la drague à bord du bateau qui la traîne ; puis on fait le triage, et l'on rejette à la mer toutes les huîtres dont la taille est inférieure à une certaine dimension déterminée par les règlements sur la pêche maritime.

Nous terminerons cette étude par quelques notions sur une huître d'espèce étrangère, qu'il serait à coup sûr possible d'acclimater dans nos eaux méridionales, et qui, sans valeur comme comestible, est d'un prix inestimable dans l'industrie, je veux parler de l'huître à perle ou peintadine.

La coquille de l'huître à perle est demi-circulaire, verdâtre en dehors, du plus beau nacré à l'intérieur,

l'animal est blanc, glutineux, pareil de forme à
l'huître ordinaire. Les perles que ces mollusques
renferment paraissent être une sécrétion calcaire
de leur manteau, sécrétion de même nature que
celle qui forme la nacre interne des valves, mais
qui, par suite de circonstances diverses, soit une
maladie de l'animal, soit la présence d'un corps
étranger, affecte une forme sphérique ou pyriforme.
Ce qu'il y a de certain, c'est que la présence d'un
corps étranger détermine par son frottement sur le
manteau une production anormale de substance
calcaire nacrée, qui ne tarde pas à englober le corps
étranger, et le recouvre en totalité d'une matière
identique à celle des perles. Depuis longtemps les
Chinois exploitent cette faculté propre à l'huître perlière et à quelques mollusques fluviatiles; nos mou-
lettes d'eau douce sont dans ce cas. Pour recouvrir de nacre des ornements divers, ou des petites
plaques de métal gravé ou estampé, il suffit de laisser séjourner ces objets pendant quelques mois
dans la coquille d'une peintadine ; ils semblent alors
constitués en totalité par la matière perlière.

Les perles les plus précieuses viennent de Ceylan
et du golfe Persique. Les peintadines s'y trouvent
en bancs, comme l'huître ordinaire, mais à une
assez grande profondeur, de 5 à 20 mètres. L'huître
perlière ressemble en tout à notre huître comestible,

sauf qu'elle est beaucoup plus grande : on en trouve
qui ont jusqu'à 30 centimètres de diamètre. On la
pêche en Asie sur quatre points principaux, autour
de l'île de Bahren, dans le golfe Persique ; sur les
côtes de l'Arabie-Heureuse, près de Carisa ; dans le
golfe de Manaar, à l'île de Ceylan, et sur les côtes
du Japon. La pêche commence en février et finit en
avril ; elle est faite par des plongeurs habiles, munis
simplement d'un couteau pour détacher le coquillage et d'un panier pour le recueillir. L'exploitation des bancs est du reste soumise à une espèce de
police et de surveillance, de la part de ceux qui
afferment l'exploitation des perles ; on les soumet à
une sorte de coupe réglée, on les inspecte soigneusement avant chaque pêche, et les plongeurs res-
pectent toujours avec soin les jeunes huîtres, ne
s'attaquant qu'à celles qui leur semblent devoir être
perlières, car elles ne le sont pas toutes.

Les valves de l'huître à perle sont aussi un objet
de commerce, elles servent à faire de la nacre ; mais
ce ne sont pas les seules qui fournissent ce produit ;
on pêche sur nos côtes un grand nombre de mollusques, entre autres les *haliotides*, qui fournissent
une nacre très-recherchée, plus belle même que
celle de la peintadine.

En réalisant autant que possible pour l'huître à
perle les conditions de gisement, de profondeur et

de température qu'en rencontre en Asie, l'acclimatation de ce mollusque serait possible dans les eaux
de notre littoral, et les côtes africaines de la Méditerranée, qui renferment déjà tant de richesses inexploitées, en particulier d'immenses bancs de corail,
que nous laissons dévaster par des étrangers, semblent appelées tout naturellement à remplir l'office
de champs fertiles pour l'ensemencement de l'huître
à perle.

MOULE.

On réunit sous le nom générique de moule (*mytilus*) des mollusques bivalves, à coquille symétrique et à valves égales, dont le manteau, partagé
en deux lobes semblables séparés entièrement sur
toute la longueur du côté ventral, présente des
bords lisses, sans papilles, épaissis en bourrelet, et
adhérents au bord de chaque valve. Ces mollusques
ont deux muscles adducteurs très-puissants, dont
celui du pied, et l'on nomme ainsi un prolongement épais et charnu que l'animal peut faire saillir
hors de la coquille, donne, par le prolongement de
quelques fibres, naissance au *byssus*, bouquet de
poils violacés, très-roides, à l'aide duquel l'animal
s'attache à demeure aux corps solides, rochers, coquillages, pilotis, etc., qu'il rencontre. Les bran-

chies, différentes de celles de l'huître, sont constituées par deux lames fixées d'un bout de chaque côté de la masse ventrale, et libres à l'autre bout, qui se prolonge de chaque côté du muscle adducteur postérieur.

Hermaphrodites comme les huîtres, les moules se reproduisent de même, et donnent naissance, après une incubation dans les plis du manteau, à un frai gélatineux, formé d'un grand nombre de jeunes moules, déjà armées de leur byssus, qui vont, flottant à l'aventure dans les flots, se fixer sur les corps solides qu'elles rencontrent, ou périssent ensevelies dans la vase, ou enfin servent de pâture à d'innombrables ennemis.

La locomotion des moules est nulle ou à peu près; néanmoins, une moule détachée de son support par la rupture du byssus peut se mouvoir en faisant saillir son pied hors de la coquille, le fixant comme un crochet sur les saillies du fond, et se hâlant sur ce point fixe par la contraction du pied.

Les moules vivent un peu partout; il n'est guère de point sur les côtes de France où on ne les rencontre agglomérées en grappes sur les rochers, dans leurs anfractuosités, sur les pilotis et les bois submergés. On les trouve surtout à l'embouchure des fleuves et dans les baies vaseuses; le contact de l'eau douce ne leur est point contraire, d'après Beudant elles pourraient même s'acclimater hors de l'eau de mer.

De nombreuses espèces constituent le genre moule, nous ne parlerons ici que de la moule comestible (*mytilus edulis*), dont la coquille est oblongue, d'une couleur violette très-foncée, blanche au-dedans, excepté sur le limbe et les deux impressions musculaires, où reparaît la couleur violette. On estime beaucoup aussi en Normandie la moule blonde, plus petite, dont les valves plus minces sont d'un brun fauve, et que l'on pêche surtout à Villerville (Calvados).

Sur les côtes de France, à peu près partout, on pêche la moule pendant toute l'année, les grandes chaleurs et le temps du frai exceptés. Des femmes et des enfants, armés d'un mauvais couteau pour tout instrument, y suffisent fort bien, ils vont les recueillir sur les rochers qui découvrent à la marée basse, ou dans la vase de la plage; mais ces moules sont petites, coriaces et amères, tandis que celles qui se sont développées dans les endroits calmes et abrités, dont le fond est vaseux, sans que pourtant la vase les recouvre, atteignent une grande taille et ont une saveur délicate. Les bancs de moules sont pour ainsi dire inépuisables, mais comme ce coquillage n'a de valeur sérieuse que lorsqu'il a atteint une certaine dimension et qu'il n'a plus la saveur amère et la chair coriace de la moule de pleine mer, on a dû depuis longtemps chercher les moyens de le perfectionner. Sur certains points de nos côtes on les parque comme les huîtres; dans la baie de l'Aiguillon elles sont l'objet d'une exploitation très-importante d'un genre particulier, que nous prendrons pour modèle dans le chapitre où nous traiterons de l'élève de ce mollusque. Ailleurs, comme on a remarqué que le séjour dans une eau de moindre salure que celle de la mer leur donne plus de délicatesse, on se contente de jeter dans les marais salants les moules pêchées en mer. Enfin il n'est aucun point de nos côtes où l'on ne puisse avec avantage et profit exploiter la culture de ce coquillage, très-généralement connu et estimé en France, et que le réseau de nos chemins de fer permet aujourd'hui de répandre encore plus.

CRUSTACÉS.

La classe importante des crustacés est une des divisions du grand embranchement des articulés. Caractérisés théoriquement par la forme symétrique du corps, ils ont un système nerveux formé par deux lignes de ganglions ou petites masses nerveuses formant une chaîne longitudinale suivant la ligne médiane, et surtout par leur corps divisé en anneaux plus ou moins semblables, correspondant chacun à un des ganglions nerveux internes. Les membres sont disposés par paires de nombre variable, chaque paire portée par un anneau. La respiration est aquatique, c'est-à-dire branchiale; la peau est tantôt molle, tantôt coriace et formant un squelette extérieur, mû par des muscles internes. Ce dernier caractère est particulièrement propre aux crustacés, caractérisés en outre par des branchies en forme de pyramides lamelleuses, garnies de cils ou de filets, et placées de chaque côté du thorax à la base des pieds, ou encore sous la partie abdominale du corps.

Les anneaux du corps d'un crustacé sont, en général, au nombre de 21, mais les premiers sont presque toujours réunis, de manière à former une partie entière, inflexible, contenant à la fois la tête et le thorax, et nommée par suite céphalothorax (κεφαλή, tête; θοράξ, poitrine), les anneaux suivants restent distincts dans la partie qui enveloppe l'abdomen. Cette disposition est facile à suivre dans l'écrevisse et le homard, chez lesquels ce que le vulgaire appelle la queue est l'abdomen de l'animal.

Les pieds des crustacés varient de 5 à 7 paires, dont celles qui naissent des anneaux abdominaux ne sont souvent qu'à l'état rudimentaire, et se nomment alors fausses pattes. Ces fausses pattes servent, soit à la respiration, chez les uns, soit à l'incubation des œufs chez d'autres, tel est leur usage dans les espèces que nous allons étudier.

Les crustacés se subdivisent en plusieurs familles, parmi lesquelles nous n'étudierons que celles qui contiennent des espèces utiles, et qui sont des subdivisions du même ordre, celui des décapodes (δεκά, dix ; πούς, pied); dont le nom dit le caractère distinctif, celui d'avoir cinq paires de pattes. Sur ces cinq paires, la paire antérieure est souvent terminée, comme dans l'écrevisse, le homard, le crabe, par des pinces volumineuses et puissantes, qui servent à la préhension et à la défense. L'abdomen est tantôt volumineux, allongé en forme d'appendice caudal, et terminé par une nageoire, ce qui caractérise les décapodes macroures (μακρός, grand ; οὐρα, queue), le homard, l'écrevisse. Tantôt au contraire il est court, aplati, recourbé sous le céphalothorax, qui semble constituer la totalité du corps, il classe alors l'animal parmi les décapodes brachioures (βραχύς, courte; οὐρα, queue), tels sont le crabe, l'étrille, etc.

Ces caractères généraux une fois posés, passons à l'étude spéciale des espèces utiles à l'homme comme aliment, et dont, grâce aux patientes études de M. Coste, la multiplication en grand nombre et le perfectionnement sont devenus possibles.

ÉCREVISSE, HOMARD, LANGOUSTE ET CRABE.

Une seule espèce comestible de crustacés appartient aux eaux douces et fluviales, c'est l'écrevisse.

L'écrevisse, qu'il est à peine besoin de décrire, car dans les eaux qu'elle habite on ne saurait la confondre avec aucun autre animal aquatique, porte (*fig.* 6)

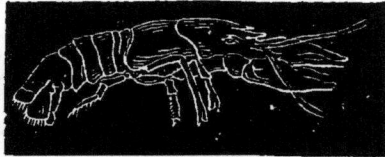

Fig. 6 — Écrevisse
(demi-grandeur naturelle).

à la paire de pattes antérieure deux fortes pinces de grandeur inégale ; en général l'abdomen est très-développé ; les six anneaux qui le forment sont très-convexes en-dessus, mus par des muscles puissants, et sont garnis en-dessous de fausses pattes ou filets, mobiles à la base, qui lui servent comme de nageoires. Les filets du mâle diffèrent un peu de ceux de la femelle, et présentent de plus deux pièces qui, naissant au-dessous du premier anneau et mobiles sur une articulation cartilagineuse, s'appliquent dans l'inaction sur le sternum ; ce sont deux lames roulées en partie sous forme de tube, elles constituent l'organe copulateur mâle, complété par un triple testicule et des vaisseaux séminifères.

La femelle porte deux ovaires placés de chaque côté du corps et aboutissant au-dehors à la base du premier article de la troisième paire de pattes. A l'époque de la ponte, ces ovaires sont allongés, très-distendus par les œufs. L'accouplement se fait à la manière de quelques mouches, c'est-à-dire ventre à ventre. Lorsque le mâle attaque la femelle, celle-ci se renverse, et le couple amoureux s'enlace étroitement à l'aide des pattes. Il ne paraît pas qu'il y ait intromission de l'organe mâle dans les oviductes de la femelle ; le fluide fécondant est seulement répandu sur le plastron et autour des orifices vulvaires, où il se solidifie, laissant sans doute échapper les spermatozoaires fécondants, qui de là pénètrent jusque dans les ovaires. Lorsque l'on rencontre une femelle chargée d'œufs, et que l'on remarque sur la partie inférieure de sa carapace des plaques blanchâtres adhérentes, on peut à coup sûr la considérer comme fécondée. La ponte a lieu environ deux mois après la fécondation, et les œufs assez abondants qui en résultent, se fixent et restent attachés aux fausses pattes qui garnissent l'abdomen à l'aide d'un pédicule membraneux, formé par le prolongement de l'enveloppe la plus externe de l'œuf, jusqu'à leur éclosion ; mais, même alors, les jeunes écrevisses, molles et délicates, trouvent sous l'abdomen de la femelle un abri, qu'elles n'abandonnent tout à fait que lorsque leur test calcaire est assez solide pour les protéger désormais.

Les écrevisses changent d'enveloppe une fois tous les ans, c'est de mai en septembre que se fait cette mue. A ce moment l'animal se retire dans les trous et les abris les mieux cachés, car son corps mou et sans défense l'expose à mille dangers, et en fait une proie facile et friande pour les animaux aquatiques carnassiers ; du reste deux ou trois jours suffisent pour que la nouvelle carapace ait repris la solidité de l'enveloppe précédente.

Chez les écrevisses et les crustacés de la même famille, les pattes, les antennes, etc. jouissent de la propriété remarquable de se reproduire lorsqu'elles ont été accidentellement détruites en partie, et même en totalité. Si l'on casse une patte à une écrevisse, un ou deux jours après on voit apparaître une membrane rougeâtre, qui recouvre les chairs et oblitère la blessure ; bientôt elle fait saillie, donne naissance à une sorte de bourgeon conique, qui s'allonge, se déchire, et laisse voir une patte molle, qui croît, se recouvre du test calcaire, et finit bientôt par rétablir intégralement le membre absent.

L'Écrevisse de rivière (*astacus fluviatilis*), que l'on recherche comme comestible, se trouve dans les eaux douces de l'Europe, mais elle est assez difficile dans le choix de ces eaux. Elle aime les rivières dont les ondes pures roulent sur un fond rocailleux dépourvu de vase, qui lui offre des abris et des trous où elle se retire, et qu'elle ne quitte que pour chercher sa nourriture, laquelle consiste en mollusques, en petits poissons, en larves d'insectes; elle se nourrit aussi, et de préférence même, de chairs corrompues, de cadavres flottants sur l'eau, et, douée d'un appétit très-vorace, à défaut de nourriture animale elle consomme volontiers les végétaux tendres et les jeunes pousses des racines. La durée de sa vie s'étend à près de vingt ans; et comme elle croît à chaque mue, sa taille peut relativement devenir considérable. Elle s'acclimate aisément dans les eaux étrangères où on la transporte, pourvu qu'elle y rencontre la pureté des eaux et l'aménagement nécessaire à son existence; elle s'accoutume fort bien du régime de la stabulation, et peut aisément se développer et se reproduire dans des bassins de peu d'étendue, analogues à ceux en usage dans la pratique de la pisciculture artificielle.

Le homard (*astacus marinus*) est reconnaissable à sa carapace lisse, d'un brun verdâtre, quel-

quefois bleue, limitée par des filets rougeâtres, et
qui prend par la cuisson cette teinte rouge pâle qui
sur nos tables diminue un peu l'aspect repoussant
caractéristique de toute la famille des crustacés. Sa
tête se termine antérieurement par une sorte de
rostre tridenté, armé de longues antennes rougeâtres
et d'yeux pédonculés. La paire des pattes antérieures
est armée de pinces puissantes, hors de proportion
quelquefois avec le volume de l'animal. Le homard
est très-répandu dans l'Océan, la Manche, la Méditerranée, où il gîte dans les endroits rocheux, souvent à de grandes profondeurs.

La langouste (*palinurus vulgaris*) aussi recherchée que le homard comme comestible, s'en distingue par son abdomen terminé en un large éven-
tail, par les pattes toutes semblables et dépourvues
de pinces, les antennes plus longues et plus fortes,
la carapace médiocrement allongée et hérissée de
pointes, surtout en avant. La femelle (*fig.* 7), hors
de l'époque du frai, car à cette époque les grappes
d'œufs qu'elle porte la rendent aisément reconnaissable, se distingue du mâle, en outre des organes
copulateurs, par un caractère signalé déjà du temps
d'Aristote; la dernière paire des pattes postérieures,
c'est-à-dire la plus rapprochée de l'abdomen, présente vers la pointe terminale un ergot, qui est
absent chez le mâle, et dont l'usage nous sera ré-

vélé plus tard. Très-commune dans la Méditerranée, la langouste se rencontre rarement dans l'Océan, excepté pourtant dans la rade de Brest. Comme le homard, elle est très-vorace et surtout carnivore, elle consomme les mollusques, les vers, les débris de poissons, qu'elle rencontre en abondance au fond

Fig. 7. — Langouste femelle.

des eaux, où elle se traîne le plus habituellement, ne se livrant guère à la natation que pour échapper à un danger.

Le crabe (*cancer*) se reconnaît à son test large, évasé, aux paires de pattes postérieures toutes ambulatoires, la paire antérieure est armée de fortes pinces.

3.

La carapace (*fig*. 8) est plus large que longue, son bord antérieur est denté comme une scie, ou bordé de crénelures. Les yeux sont rapprochés en avant et portés sur un pédoncule très-court. Les crabes

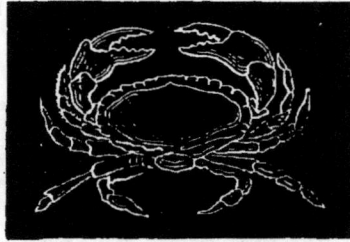

Fig. 8. — Crabe tourteau.

sont des crustacés mi-partie terrestres et marins; ils habitent les trous des rochers que la mer visite à chaque marée; ils sont carnassiers, se nourrissent spécialement de mollusques morts et de débris de toutes sortes d'animaux.

L'espèce la plus importante comme comestible est le crabe, nommé vulgairement *poupart* ou *tour-teau* (*cancer pagurus*) qui est reconnaissable à sa carapace plane en-dessus, les bords du test à fissures bien marquées. Il a le front tridenté, les doigts noirs avec de gros tubercules mousses au côté interne. Très-abondant dans l'Océan, il est rare dans la Méditerranée; il acquiert d'ordinaire une grande taille, et sa chair est avec juste raison très-estimée, et ne saurait se comparer à celle du crabe commun ou *monade*, le seul ou à peu près que l'on connaisse sur nos marchés de l'intérieur, et que les pêcheurs de nos côtes dédaignent le plus souvent.

Après cette description sommaire des trois espèces marines utiles à l'alimentation de l'homme, ce qu'il importe surtout d'étudier, car nous y trouverons la base première de nos procédés de multiplication, c'est leur mode de reproduction, ainsi que la durée et l'époque précise de l'exercice de cette fonction.

L'époque de la reproduction commence en octobre pour le homard, en septembre pour la langouste, et dure environ six mois ; mais c'est en novembre pour les langoustes et en décembre pour les homards que le nombre des accouplements est le plus grand. Ce n'est guère qu'à la fin de janvier qu'on peut les considérer comme terminés.

Comme pour les écrevisses, l'accouplement se fait ventre à ventre, et les deux individus se tiennent si serrés que, pêchés en ce moment, on peut à peine les séparer. Chez la langouste, il n'y a point pénétration de l'organe mâle dans le sein de la femelle ; le fluide séminal est versé et se coagule dans le voisinage des orifices externes des oviductes ; là il forme des plaques d'une consistance gélatineuse qui, se liquéfiant, laissent échapper les corpuscules fécondants, lesquels gagnent les oviductes, remontent par eux jusqu'aux ovaires, où s'opère la fécondation des œufs dont ceux-ci sont remplis. Chez le homard et le crabe, il paraît y avoir fécondation réelle, et intromission directe de la liqueur séminale dans les oviductes de la femelle.

En définitive, c'est l'automne tout entier qui est pour ces trois espèces l'époque spéciale du rapprochement des sexes. La ponte se fait dans le mois qui suit la fécondation ; mais, pour les homards surtout, il y a encore des pontes fréquentes en janvier.

Lorsque la femelle doit pondre, elle replie son abdomen en l'appliquant sur le plastron, et forme ainsi une cavité close de toutes parts, dans laquelle s'ouvrent les oviductes, qui aboutissent à l'origine de la troisième paire des pattes postérieures. A leur sortie les œufs tombent dans cette cavité, et dans une seule journée, et par jets successifs, chaque femelle y verse un nombre moyen d'œufs qui est de 20,000 pour le homard et de 100,000 pour la langouste. Pendant que la ponte s'effectue, les parois de l'abdomen sécrètent une humeur visqueuse qui mouille les œufs, puis se coagule, les rend ainsi solidaires les uns des autres, et les attache en grappes serrées aux fausses pattes, dont ils remplissent complétement les intervalles vides.

Alors commence l'incubation des œufs, c'est le

moment où la femelle est ce qu'on appelle grenée.

Cette nouvelle période de la reproduction est la plus longue, elle dure environ six mois, et ne se termine guère que de mars à juin. Pendant ce temps les femelles, obéissant aux admirables lois de l'instinct, savent donner à leurs œufs tous les soins que réclame leur régulier développement. Tantôt, redressant leur abdomen autant que le leur permettent les articulations des anneaux calcaires qui le recouvrent, elles exposent les grappes d'œufs à la lumière; puis agitant doucement leurs fausses pattes, elles balancent ces grappes et leur font subir un hygiénique lavage; tantôt, repliant leur abdomen comme au moment de la ponte, elles les mettent à l'abri de toutes les causes de destruction qui peuvent les menacer, et elles savent si bien coordonner et employer à propos les soins à donner à leur couvée, qu'on peut à peine trouver dans les milliers d'œufs d'une langouste grenée quelques œufs stériles ou avortés.

Lorsque les jeunes crustacés sont prêts à éclore, la mère se débarrasse elle-même de sa portée; à l'aide de l'ergot qui garnit le dernier article de la dernière paire de pattes, elle détache les grappes d'œufs, pendant que donnant un mouvement oscillatoire à ses fausses pattes, elle répand de tous côtés des myriades de petits êtres qui viennent d'éclore.

Le jeune animal, au sortir de l'œuf, n'a aucun point de ressemblance avec la langouste ou le homard qui lui a donné naissance. Jusqu'aux récentes découvertes de M. Coste, auquel nous avons emprunté les notions précédentes, on avait fait de ces jeunes crustacés un genre particulier sous le nom de *phyllosomes*. Ces embryons, dont le corps mou, presque gélatineux, rappelle à peine la forme de l'animal parfait, sont munis à chaque patte et à chaque article d'une espèce de pinceau ou panache de cils vibratiles, dont le mouvement incessant les soutient dans l'eau et les emporte dans diverses directions. En quittant l'abri maternel, les jeunes montent à la surface, gagnent la pleine mer, à l'aide de leur appareil natatoire, et là forment souvent des bancs assez étendus pour que leur masse serrée et tourbillonnante altère sensiblement la transparence de l'eau. Ils continuent à vivre ainsi pendant un temps assez court, trente ou quarante jours, pendant lesquels ils subissent quatre mues; puis ils perdent leur organe natatoire, tombent alors au fond de l'eau, et, n'ayant plus que des organes de locomotion, reprennent ainsi le chemin des côtes sur lesquelles ils sont nés. Dès ce moment, leurs formes sont ce qu'elles doivent être par la suite, mais leur taille est encore très-petite et leur accroissement très-lent. Il faut cinq ans

pour que le homard et la langouste atteignent la
taille comestible et deviennent aptes à la reproduction. L'accroissement se fait par saccades ou
soubresauts, à chaque mue ; car l'animal, enveloppé
de toutes parts d'une carapace solide et inexten-
sible, conserve sensiblement la même taille jusqu'au moment où, se dépouillant de son enveloppe,
il en revêt une autre plus grande, qui permet au
contenu de prendre un certain développement. Le
nombre des mues est considérable, et n'est pas le
même dans le même espace de temps pour le même
individu ; ce qui fait que, placés dans des circonstances identiques, des individus nés de la même
ponte ont cependant des dimensions très-différentes.
Chaque mue, et elles sont nombreuses, est pour l'a-
nimal une époque critique et une cause de grande
mortalité ; non-seulement parce qu'il reste alors pendant quelque temps sans défense contre de nombreux ennemis, que dans un autre moment ses pinces
et sa rude carapace eussent mis en fuite, mais surtout
par l'espèce de crise, de révolution qui accompagne
chaque mue et l'accroissement qui en est la cause.

M. Coste a reconnu que le homard et la langouste changent de carapace :

La 1re année de 8 à 10 fois, la taille est alors de $0^m,04$.
La 2e   —   5 à 7   —   — $0^m,09$.
La 3e   —   3 à 4   —   — $0^m,14$.
La 4e   —   2 à 3   —   — $0^m,18$.

Ce n'est donc que dans le courant de la cinquième année que le homard atteint la taille de 20 centimètres, taille exigée par les règlements sur la pêche. Après la cinquième année, l'animal devient propre à la reproduction, et la mue n'est plus qu'annuelle; plus fréquente elle serait incompatible, du moins chez la femelle, avec la nouvelle fonction que l'animal est alors appelé à remplir.

CAUSES DU DÉPEUPLEMENT PROGRESSIF

DES BANCS D'HUITRES ET DE L'APPAUVRISSEMENT DES PÊCHERIES

Quelles sont les causes qui ont amené progressivement les bancs d'huîtres de notre littoral à l'état d'appauvrissement et d'extinction que signale M. Coste dans le rapport dont nous avons cité plus haut quelques extraits? Telle est la question que nous allons étudier dans ce chapitre ; question importante entre toutes, car si elle explique le passé, elle résume aussi l'avenir tout entier de l'industrie huîtrière. Les forces productrices de la nature sont en effet si puissantes, et les lois de l'harmonie générale qui président à la multiplication et à l'existence des êtres animés sont si bien équilibrées, qu'il suffit quelquefois d'une modification, futile en apparence, dans les conditions du développement de ces êtres, pour donner un essor illimité à leur multiplication, de même qu'une rupture d'équilibre entre ces conditions peut suffire pour amener le dépérissement et la disparition d'une espèce tout entière.

Comme tous ceux des êtres organisés, animaux ou végétaux, que leur nature condamne à vivre sur le lieu même de leur naissance, formant ainsi des agglomérations d'individus similaires, agglomérations toujours croissantes qui, au delà de certaines limites, finiraient pas être fatales d'abord aux autres espèces habitant les mêmes lieux, puis aux êtres mêmes qui les constituent, les huîtres ont de nombreux ennemis, chargés de restreindre leur multiplication et de la retenir dans les justes limites d'une reproduction féconde, sans lui permettre l'envahissement général des fonds et la destruction des autres espèces marines. D'innombrables familles de poissons, de mollusques, de crustacés, de polypes font leur nourriture presque exclusive du frai des huîtres et des jeunes individus ; à l'état adulte même, l'huître est la proie des crabes, des oiseaux aquatiques et de certains vers, qui percent les valves de la coquille et détruisent l'animal qu'elle abrite. Mais la fécondité des huîtres est telle, et si immense est le nombre des germes vivants qui flottent dans la mer aux époques du frai, que tous ces ennemis réunis ne peuvent parvenir, je ne dirai pas à dimi-

nuer le nombre et l'étendue des gisements d'huîtres, mais même à arrêter un instant leur accroissement et leur continuelle extension. Ce n'est donc
pas contre ces ennemis que nous aurons à chercher
un moyen de défense, défense impuissante du
reste, car on ne saurait aller à l'encontre des lois
naturelles, et défense illusoire, puisqu'elle ne s'opposerait pas à la cause réelle du mal.

Dans toutes les régions de nos côtes où l'on exploite les gisements d'huîtres, la production de ce
mollusque a considérablement diminué. Le fait est
malheureusement constant pour tous; les divergences d'opinion ne commencent qu'au sujet des
causes auxquelles il faut attribuer cette décroissance. Suivant les localités, on attribue la stérilité
progressive des bancs d'huîtres à diverses causes,
dont les principales sont l'envasement des fonds,
l'envahissement des moules, et l'envahissement du
maërle. A ces prétendues causes d'appauvrissement, nous en joindrons une quatrième, la seule
vraie, suivant nous, la seule que l'on puisse rendre
responsable de la décroissance de l'industrie huîtrière, la seule enfin contre laquelle il faille un bon
et prompt remède, c'est l'exploitation inintelligente
et avide des bancs d'huîtres par la main de l'homme,
exploitation dirigée jusqu'ici par la routine et l'insouciance égoïste des pêcheurs, et non par une con

naissance approfondie des besoins et de la nature de ce mollusque.

En effet, l'envasement, l'envahissement des moules et celui du *maërle* ne sont pas, comme on le croit un peu partout, les causes de la destruction des bancs d'huîtres, mais des conséquences de cette destruction, ou tout au moins des faits coexistants. On est très-aisément porté, en général, à établir entre deux faits, et par suite de leur simple coïncidence, une relation de cause à effet, tandis qu'ils ne sont que la conséquence d'une même cause inconnue; c'est ainsi que dans nos campagnes, et même dans les centres les plus éclairés, on attribue à la lune les gelées du commencement d'avril, parce que son apparition coïncide avec la pureté du ciel, qui, à ce moment, est la vraie cause du phénomène. Il en est de même pour les huîtres; à mesure que les bancs ont diminué, qu'il s'est manifesté dans leur masse, jadis continue, des lacunes incultes, on a vu survenir, ici l'envasement, là les moules, ailleurs le *maërle*, sans réfléchir que la drague qui, déchirant le sol, bouleversant les gisements, détruisait brutalement les huîtres adultes et les jeunes, était la cause première de ces lacunes et de l'envasement qui les suivait de près.

Ceci est aisé à comprendre.

Lorsqu'un banc d'huîtres est intact, c'est-à-dire

lorsque la drague n'a pas encore commencé son
œuvre de destruction, les huîtres, agglomérées sur
les roches et les galets qui forment le fond, sou-
dées les unes aux autres, superposées sans ordre,
forment au fond de la mer un inextricable réseau
d'éminences et de creux, de pertuis sinueux, de
crêtes rocailleuses. Lorsque, à la marée haute, ces
fonds se recouvrent de plusieurs mètres d'eau, eau
tenant toujours de la vase en suspension, celle-ci
tend à se déposer sur les fonds, et s'y dépose même
dans les marées calmes. Mais lorsque, à la basse mer,
les eaux se retirent, les éminences et les anfractuosités du fond formées par les huîtres constituent autant d'obstacles à l'écoulement des eaux, les divisent en mille petits courants, qui, quelque calme
que soit la pleine mer, ont un écoulement assez rapide pour entraîner la vase qui peut s'être déposée,
et font subir aux huîtres une espèce de lavage hygiénique. Tout ceci est si vrai, que c'est en se fon-
dant sur ces données que les marins auxquels l'État
a concédé les terrains émergents de l'île de Ré, lesquels ne formaient à ce moment qu'une immense
vasière, ont entrepris et réussi à obtenir, en un laps
de temps relativement très-court, l'écoulement de
la vase séculaire qui stérilisait ces fonds. A l'aide
de fragments irréguliers arrachés aux rochers de
l'île, ils ont fait sur le fond vaseux une espèce de

pavage, variant ingénieusement les éminences et les creux, de manière à briser le flot en mille sens divers, et ils ont eu bientôt la satisfaction de voir, à chaque marée, diminuer sensiblement l'épaisseur de la vasière, et la semence, venant du large, se hâter de reprendre possession de ce fond depuis si longtemps déserté par les huîtres.

Par la disposition même des huîtres qui constituent les bancs ceux-ci sont donc préservés de l'envasement, et aussi, par suite, de l'invasion des moules ; mais dès que le passage obstiné de la drague sur le même fond a fini par y produire une lacune, lacune qui par cela même forme un creux, un infundibulum, où les eaux séjournent à chaque marée, rien de moins étonnant que de voir s'y former un dépôt de vase, lequel augmente tous les jours, gagne peu à peu en largeur en même temps qu'en épaisseur, envahit les huîtres, aplanit les fonds, et active ainsi par sa présence même l'envasement total, en même temps qu'il favorise la naissance et le développement des moules.

Il en est de même du *maërle*. Le *maërle* est le nom vulgaire par lequel on désigne un végétal sous-marin, une algue, qui se présente, soit sous la forme de rognons arrondis, assez ressemblants de forme et d'aspect à de la cervelle fraîche, d'un blanc teinté de rose à l'extérieur, renfermant une chair verdâtre glutineuse; soit encore sous l'aspect de branches ramifiées. Ce végétal a la singulière propriété de s'envelopper, soit par voie de sécrétion, soit par absorption, d'une couche de substance calcaire, qui se concrétionne à la surface et lui forme une espèce de revêtement ou de gaîne demi-solide. On en recueille des quantités considérables sur les côtes de la Bretagne et de la Normandie, où il est beaucoup employé pour amender les terres trop siliceuses de ces contrées, en leur apportant l'élément calcaire qui leur fait absolument défaut.

Tel est le végétal que l'on accuse à tort de détruire les bancs d'huîtres et de se substituer à eux. Ici, comme pour l'envasement, je ferai observer que jamais le *maërle* n'a attaqué les bancs d'huîtres avant que la drague y ait elle-même commencé l'œuvre de destruction. En effet, ce n'est point sur un fond recouvert en totalité par des mollusques à coquille calcaire, c'est-à-dire de mollusques absorbant, pour fournir à la formation et à la rénovation de cette coquille, tous les éléments calcaires du milieu où ils vivent, que le *maërle*, qui lui aussi exige pour son existence une grande quantité de ce même calcaire, peut trouver des conditions favorables à sa multiplication. Là où le *maërle* préexiste, il est de toute évidence que l'huître ne naîtra pas, car elle n'y saurait subsister; et, réciproquement,

là où l'huître existe, occupant tout le fond, absorbant tout le calcaire, le *maërle* ne saurait non plus
ni naître ni vivre. Mais que l'industrie humaine,
cédant sans réflexion aux instincts cupides et égoïs-
tes, vienne enlever sans cesse et par milliers les
huîtres et leur progéniture et mettre les fonds à nu,
il n'y a plus rien de surprenant à ce que quelques
germes du *maërle*, qui habite les mêmes eaux, à
peu de distance, viennent se fixer sur ce sol d'où
l'ennemi a disparu, s'y développent, et devenant
prédominants se substituent enfin totalement à lui.

De tout ce qui précède, il résulte donc qu'il faut
chercher la seule et la vraie cause de l'épuisement
de nos gisements d'huîtres dans le mode d'exploitation en usage jusqu'à ce jour.

Quelques détails sont ici nécessaires pour développer et rendre plus sensible notre pensée.

Les huîtres se pêchent partout au moyen de la
drague. On appelle ainsi une espèce de boîte en fer
très-pesante, que, au besoin et pour rendre la pêche
plus productive, on charge de pierres, afin qu'elle
morde le fond plus profondément. A l'aide d'un ou
plusieurs bateaux et de cordes qui la manœuvrent,
on traîne la drague sur le fond qu'elle entame et
laboure par un de ses côtés, arrachant tout ce qui
lui fait obstacle, et versant sa récolte dans une poche
en filet ou en cuir. Lorsqu'on suppose que celle-ci

est pleine, on remonte le tout à bord, à l'aide des cordes de manœuvre ; le produit est versé sur le fond des bateaux, et l'on procède au triage. Toutes les huîtres qui n'ont pas la taille voulue par les règlements sont, ou rejetées à la mer, ou réservées, comme on le fait à Cancale, pour être élevées dans les parcs ou les étalages. Au mois d'août, les commissaires des pêches font l'inspection des bancs d'huîtres, afin de constater leur état avant d'en permettre la pêche, dont l'ouverture, avant que M. Coste eût fait connaître l'époque où l'huître peut être draguée sans grand dommage, était fixée en septembre et durait jusqu'en mai.

Dans certains quartiers, où la pêche des huîtres est une industrie nationale, à Cancale et à Granville, pour atténuer autant que possible le mal, et éviter l'entier épuisement des bancs, on les a divisés par zones, et on les a mis comme un bois en coupe réglée, c'est-à-dire que chaque zone est exploitée à son tour, tandis que les autres, se reposant pendant un ou deux ans, peuvent réparer leurs pertes et combler leurs lacunes. Grâce à ce système, qui n'a malheureusement pas été généralisé, ces deux quartiers ont pu jusqu'à présent conjurer leur ruine complète, mais non reprendre leur ancienne splendeur.

En effet, l'usage de la drague, déjà fatal par lui-même, car non-seulement elle arrache brutalement

les huîtres de toutes les tailles, mais encore elle en-
gloutit le frai sous la vase qu'elle soulève, et, pour
un millier d'huîtres marchandes qu'elle procure,
elle en détruit plusieurs milliers au détriment de
l'avenir, cet usage, dis-je, devient de jour en jour
plus meurtrier, parce que, pour augmenter le rende-
ment de la pêche sur un sol déjà dévasté et pouvoir
répondre aux demandes d'une consommation toujours croissante, les pêcheurs sont forcés d'employer
des dragues plus fortes et plus lourdes, et de les
promener plus souvent sur les mêmes endroits; de
sorte que les fonds bouleversés, dénudés de coquilles
et d'éminences rocheuses, supports indispensables
aux jeunes huîtres, ne peuvent plus retenir le frai
annuel qu'y versent les quelques huîtres restant
encore, mais en revanche offrent un sol tout préparé
pour l'envasement et le développement des moules.

En outre, en fixant en septembre l'ouverture de
la pêche, l'administration agissait dans le but protecteur de respecter les huîtres pendant l'époque du
frai, mais elle ne prévoyait pas que la mesure était
inutile, par cela même qu'elle était incomplète. Sur
l'immense quantité de germes qu'un banc d'huîtres
laisse échapper à cette époque, il en est une partie, la
plus minime il est vrai, mais aussi la seule qui profite,
la seule qui puisse fournir au repeuplement, qui se
fixe sur le banc producteur, sur les roches sous-mari-

nes, sur les valves mêmes des huîtres mères ; tout le
restant des germes est perdu, emporté par les flots et
dévoré par d'innombrables ennemis ; or, en septembre, époque où s'ouvre la pêche, ces huîtres, à peine
âgées de quinze jours à un mois, sont à peine vi-
sibles ; il faut le coup d'œil exercé d'un naturaliste
pour les découvrir, et avec chaque huître que l'on
pêche en ce moment, on sacrifie inévitablement
toute la jeune génération dont elle est couverte. En
reculant au contraire jusqu'en février l'ouverture
de la pêche, ces huîtres ont alors atteint une taille
suffisante pour qu'on puisse les trier des huîtres
marchandes et les rejeter à la mer ou en peupler les
claires et les étalages, établissements qui gagnent à
cette mesure et triplent d'importance, puisque, la
pêche ne pouvant plus durer que trois mois, ils
seront chargés d'emmagasiner la récolte, pour la dé-
tailler ensuite au fur et à mesure des demandes du
commerce.

Telles sont les considérations éminemment pro-
tectrices sur lesquelles sont fondés les nouveaux
règlements de pêche, et ces prudentes mesures,
jointes aux pratiques du repeuplement, suffiront
et au delà pour relever et accroître la richesse huîtrière de notre littoral.

Tout ce qui rentrait dans les obligations de l'État,
comme propriétaire du domaine de la mer, et

comme protecteur obligé des richesses de ce domaine, a donc été fait; la pêche est réglementée par
des lois judicieuses et efficaces, le repeuplement des
bancs dévastés est en bonne voie; en sorte que dans
un avenir prochain, non-seulement le mal sera
réparé, mais encore son retour sera rendu impossible. Mais, nous l'avons dit ci-dessus, parmi les
myriades de germes auxquels un banc d'huîtres
donne naissance à chaque ponte, une minime partie
seulement, celle qui peut se fixer sur le sol natal lui-
même, est apte à fournir au recrutement de nouveaux sujets, et propre à combler les vides produits
par la pêche; quant à l'immense majorité de ces
germes, le flot qui les entraîne, la vase qui les
étouffe, les races marines qui les dévorent, en ont
bientôt fait une prompte justice. Et pourtant à quelle
incalculable richesse ne donneraient-ils pas naissance, s'ils pouvaient être recueillis au moment de
la ponte et placés dans des circonstances propres
à favoriser leur développement ultérieur! Or, cette
récolte des germes est possible; de nombreuses expériences ne permettent aucun doute à cet égard,
elle est même facile et se fait à coup sûr; l'élevage
de ces jeunes huîtres, la réunion des circonstances
favorables à leur développement, la réalisation artificielle des conditions d'existence qu'elles rencontrent
au sein de l'Océan, tout cela est aujourd'hui connu

et praticable sans peine. Voilà le rôle réservé à l'industrie privée, voilà l'enseignement que ce livre a pour but, et dont le développement pratique fait le sujet des chapitres suivants.

Parmi les crustacés, le homard et la langouste occupent un rang important comme comestibles et comme objet de transactions commerciales ; les pêcheries de nos côtes alimentent non-seulement toute la France, mais encore une grande partie de l'Europe. Les prix de vente assez élevés que ces animaux ont atteints depuis quelques années, et qui sont cause que de nos jours cet aliment est banni de la table du pauvre, du moins dans les villes de l'intérieur, en même temps que sa rareté relative sur nos marchés, sont les conséquences, non-seulement de l'extension croissante du commerce d'exportation dont il est l'objet, mais aussi de la disparition graduelle de ces crustacés, jadis si abondants dans toutes nos eaux marines.

Comme pour les huîtrières, il ne faut chercher la cause de cette disparition que dans l'avidité des pêcheurs, et dans l'inutilité des anciens règlements soi-disant protecteurs.

En effet, si l'on a suivi avec attention les détails que nous avons donnés (pag. 47) sur le mode de reproduction des crustacés, on a dû reconnaître que l'époque, non du frai proprement dit,

4.

mais de la reproduction, c'est-à-dire l'espace de temps qui s'écoule entre la fécondation de la femelle et l'éclosion des œufs, dure en moyenne neuf mois, les fécondations commençant en septembre, et l'incubation se terminant en mai. Pendant cette durée de neuf mois, le crustacé devrait donc être respecté; car la mort d'une femelle, prise à un moment quelconque de cet espace de temps, équivaut à la destruction de plusieurs milliers d'individus qui devaient en naître, même en faisant une large part aux nombreuses chances de destruction que les jeunes ont à courir avant leur entier développement. Ce n'est donc que pendant trois mois, juin, juillet et août, que des règlements réellement protecteurs devraient autoriser la pêche du homard et de la langouste. Or, bien loin de se conformer à ces données naturelles, les anciens règlements autorisaient toute l'année la pêche de ces crustacés, et n'astreignaient les pêcheurs qu'à la double obligation de rejeter à la mer les femelles grenées, c'est-à-dire celles dont l'abdomen est chargé de grappes d'œufs en incubation, et les individus d'une taille inférieure à vingt centimètres. La première de ces exigences de la loi était excellente en principe, mais il était impossible d'en surveiller et d'en obtenir la rigoureuse exécution. Les pêcheurs ne pouvaient se résoudre à rejeter à la mer la moitié de leur récolte,

et ils éludaient le règlement en débarrassant, à
l'aide d'un balai de chiendent, les femelles des
œufs qu'elles portaient, anéantissant ainsi du coup
des myriades de jeunes animaux.

Il est évident que cette façon d'agir n'a pas été
pour peu de chose dans la diminution et la rareté
croissante du crustacé, et dans sa disparition presque complète dans certains parages.

D'un autre côté, on ne peut réduire à trois
mois seulement l'époque de la pêche du homard et
de la langouste; ce serait ruiner les pêcheurs, en
restreignant ainsi la consommation d'une denrée
généralement demandée de nos jours à toutes les
époques de l'année. Aussi, dans les nouveaux règlements, actuellement en vigueur, et dont l'initiative
est due à M. Coste, la pêche de ces crustacés n'est
interdite que pendant les trois derniers mois de l'é-
poque de la reproduction, mars, avril et mai, laps de
temps pendant lequel les éclosions ont lieu. A cette
mesure éminemment protectrice, on a adjoint l'obligation de rejeter à la mer tout animal dont la taille
moyenne, de l'œil à la naissance de la queue, est inférieure à vingt-deux centimètres. Non-seulement
les animaux au-dessous de cette taille sont d'un
prix minime, mais en outre, n'étant pas encore
propres, en général, à la reproduction, leur destruction avant qu'ils aient rempli au moins une fois

cette fonction, est une véritable perte sans compen-
sation aucune.

Ce qui a été fait est tout ce qui pouvait judicieusement se faire dans l'état actuel des choses, en ce
moment où le homard et la langouste tirés de la
mer sont immédiatement livrés à la consommation,
ou, du moins, ne sont conservés que peu de temps
dans des viviers trop restreints, où ils ne doivent
séjourner que le temps nécessaire pour trouver un
acquéreur. Or, il est démontré aujourd'hui que le
homard et la langouste s'arrangent très-bien du régime de la stabulation ; que¹, aménagés dans des
bassins spacieux, où l'on réalise artificiellement les
conditions de leur existence normale, ils vivent, s'ac-
croissent, s'engraissent et se reproduisent comme
à l'état de liberté. Il est même à présumer que,
comme les huîtres parquées, ce mode d'élevage doit
les perfectionner au point de vue de la saveur et de
la finesse de la chair.

Voilà donc encore une industrie nouvelle offerte
aux riverains de nos côtes; industrie qui, en multipliant les produits, en supprimant les non-valeurs,
puisque tout individu au-dessous de la taille réellement marchande pourra être conservé jusqu'à ce
qu'il l'ait atteinte, en permettant de satisfaire à
l'instant toutes les demandes du commerce, dans les
moments mêmes où les gros temps rendent la pêche

impossible, augmentera considérablement la consommation à l'intérieur, l'exportation à l'étranger, et permettra de réglementer enfin d'une façon réellement protectrice la pêche de ces crustacés, en ne lui demandant que de combler les vides faits dans les bassins d'élevage par les besoins de la consommation.

Cet élevage, du reste, bien loin d'être indépendant et distinct de l'élevage des huîtres, de faire en un mot la base d'une exploitation spéciale, n'en est qu'une annexe, annexe d'autant plus importante qu'elle augmente les produits et les revenus sans accroître les frais d'installation.

J'en dirai tout autant de l'élevage des moules, dont nous traiterons aussi en détail, car si leur disparition n'est pas à redouter, il y a une telle différence comme comestible entre la moule de mer et la moule parquée, que celle-ci seule devrait entrer dans la consommation, et cet élevage permet de tirer un utile parti des fonds dont la nature est absolument impropre à la multiplication des huîtres, ou dont l'envasement est persistant.

Dans tout ce qui va suivre, du reste, je ne parlerai que des méthodes sanctionnées par l'expérience, expérience datant pour certaines de plusieurs siècles; et, n'abordant jamais le domaine de l'hypothèse, je resterai fidèle au point de vue spécialement pratique dans lequel ce livre a été conçu.

PROCÉDÉS DE MULTIPLICATION ET D'ÉLEVAGE

DES HUITRES, DES MOULES, DES HOMARDS, DES LANGOUSTES, ETC.

CHAPITRE I

Industrie et procédés actuels.

Dans les pages précédentes, nous avons dit que les seuls procédés décrits ici étaient ceux que l'expérience aurait sanctionnés, expérience datant pour quelques-uns de plusieurs siècles ; dès à présent nous allons prouver que notre assertion n'est pas une promesse vaine, en décrivant en quelques mots, et prenant, sinon pour modèles, du moins pour guides, au sujet de la multiplication artificielle des huîtres, deux industries, l'une celle du Fusaro, qui remonte bien avant l'ère chrétienne, l'autre celle de Marennes, qui se perd dans les premiers temps de notre histoire.

Environ vers le septième siècle, un chevalier romain, Sergius Orata, entreprit dans les eaux du Lucrin, l'Averne des poëtes, l'élevage et la multiplication artificielle des huîtres ; des documents historiques irrécusables nous attestent l'existence de cet établissement d'ostréiculture, et Pline nous apprend que l'entreprise eut un succès réel, succès de lucre, qui enrichit grandement et rapidement son auteur.

Les pratiques suivies et probablement inventées par Sergius Orata se sont après lui perpétuées jusqu'à nos jours sur les rives du Fusaro, étang salé, d'une lieue environ de circonférence, situé dans le voisinage du cap Misène, près des ruines de Cumes, le même que Virgile a poétisé sous le nom d'Achéron.

Sur la boue noirâtre qui recouvre le sol volcanique de ce bassin, dont la profondeur moyenne varie de un à deux mètres, les pêcheurs ont construit çà et là, avec des pierres brutes rapportées et jetées en tas, des espèces de rochers artificiels, assez élevés pour être à l'abri des dépôts de vase ou de limon. Sur ces rochers ils ont déposé des huîtres prises à la mer, dans le golfe de Tarente, opérant ainsi un ensemencement artificiel fait une fois pour toutes ; sauf bien entendu les cas de mortalité accidentelle, tels que les émanations volcaniques, qui quelquefois ont nécessité leur renouvellement.

Chaque rocher (*fig.* 9) est environné d'une ceinture
de pieux fichés d'un bout dans le fond du bassin, et

Fig. 9.

dépassant de l'autre le niveau des eaux, de manière

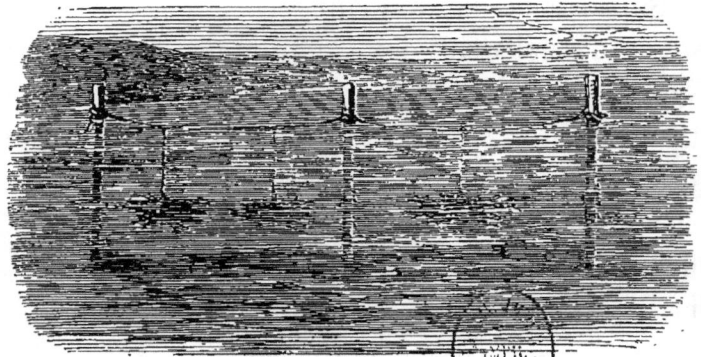

Fig. 10.

à pouvoir être aisément retrouvés et retirés. Souvent ces pieux (*fig.* 10) sont unis l'un à l'autre par

une corde, à laquelle est suspendu un fagot de menu bois, qui plonge dans l'eau à peu de distance du fond. Tel est, dans ses parties principales et indispensables, avec les bateaux, les outils et les magasins d'exploitation, tout l'appareil d'ostréiculture employé à Fusaro, appareil dont l'expérience séculaire a constaté l'efficacité constante.

A l'époque du frai, les huîtres déposées sur les rochers artificiels, et qui y ont continué leur existence comme en pleine mer, laissent échapper en poussière animée les myriades de germes auxquels chacune d'elles donne naissance ; ceux-ci, trouvant à leur portée les pieux et les fagots, s'y fixent presque en totalité ; une partie insignifiante seule se perd, entraînée par les flots ou ensevelie dans la boue qui garnit les fonds, et ces jeunes huîtres, attachées ainsi à des supports artificiels, s'y développent dans des conditions favorables de repos, de température et de lumière, voyant s'accroître incessamment leur colonie par le dépôt annuel de nouveaux germes. Lorsque la saison des pêches est venue, les possesseurs de ces bancs artificiels retirent les pieux et les fagots, cueillent sans peine parmi les huîtres qui les recouvrent celles dont la taille est suffisante pour le commerce, puis, le tout étant aussitôt remis en place, les huîtres qu'on a respectées continuent leur accroissement, et les vides se remplissent bientôt de nouveaux sujets.

De cette industrie du lac Fusaro, industrie toujours prospère depuis des siècles, bien que n'employant, on le voit, que des moyens d'une rare simplicité, probablement les mêmes qu'employait Sergius Orata, il ressort pour nous ce grand enseignement, savoir, que par un aménagement bien entendu des huîtres et à l'aide d'appareils collecteurs du frai, aménagement et appareils qui ne nécessitent ni de grandes dépenses ni une main-d'œuvre difficile, on peut arriver à une multiplication sans limite de ce mollusque, tandis que nos procédés actuels d'exploitation n'ont pu amener que la ruine des gisements naturels.

A Marennes, sur les deux rives de l'anse de la Seudre, se perpétue et se développe de plus en plus, sous le patronage de l'État, une industrie analogue, mais qui malheureusement s'est bornée jusqu'ici au perfectionnement du coquillage pêché en mer, sans en entreprendre la multiplication et la reproduction.

Dans des viviers spéciaux, construits suivant un plan uniforme dont nous donnerons la description dans un des chapitres suivants, et que l'on nomme *claires*, on dépose les huîtres prises à la mer, en donnant la préférence aux huîtres de douze à dix-huit mois, c'est-à-dire d'une taille bien inférieure à la taille de l'huître marchande.

L'aménagement des claires est fait de manière à permettre une surveillance minutieuse de la part des éleveurs, et à leur faciliter la distribution à volonté des eaux de la mer, le nettoyage des fonds et le triage des produits. Dans ces claires les huîtres sont rangées à la main sur le fond durci et exempt de vase, de manière à éviter leur entassement, puis on les laisse en repos, s'accroître, s'engraisser, et acquérir cette teinte verdâtre si recherchée des amateurs, en ne leur donnant de l'eau nouvelle qu'aux grandes marées des syzygies. Pendant tout le temps de leur élevage, on se contente de les surveiller, de les changer de claire au besoin, si la vase les recouvre et menace de les étouffer ; de les trier suivant leurs tailles diverses ; de régler la hauteur d'eau qui les recouvre suivant leur âge et la température, etc. Au bout de deux ans environ elles ont atteint la taille marchande, et compensent largement par leur plus-value les dépenses nécessitées par leur élevage.

Ce procédé est certes loin d'être irréprochable ; et il a en premier lieu le grand tort de ne retirer des claires que la moitié de l'effet utile qu'elles peuvent produire. Appareils d'élevage, elles pourraient et devraient être aussi des appareils de reproduction et de multiplication, comme l'ont prouvé maintes fois des faits accidentels. Mais enfin, tel qu'il est, le procédé nous offre un bon modèle à suivre comme aménagement, et aussi comme argument en faveur de l'industrie nouvelle. La réalité et le succès assuré de celle-ci n'est plus, je l'espère, en doute maintenant pour le lecteur, nous pouvons donc entrer sans crainte dans le détail des procédés pratiques de l'ostréiculture, que nous développerons dans les chapitres suivants.

CHAPITRE II

Appareils et moyens pour recueillir et
transporter le frai des huîtres.

Si l'on a attentivement suivi et bien compris ce
que nous avons exposé aux chapitres précédents
sur les causes de la ruine de nos gisements huîtriers,
sur les pratiques nuisibles du mode d'exploitation
actuel, enfin sur le mode de reproduction de ce
mollusque, et sur les procédés employés au lac Fusaro pour sa multiplication, on a dû reconnaître
que dans la nouvelle industrie la première chose à
faire, et la plus importante à coup sûr, c'était d'arriver à recueillir, avec le moins de perte possible, le
naissain que les huîtres mères abandonnent à l'é-
poque du frai ; puis de le fixer sur des appareils collecteurs qui, tout en lui offrant un support conve-
nable pour son développement ultérieur, puissent
aussi dans certains cas permettre de le déplacer,
soit pour le préserver d'un envasement imminent
ou d'autres causes de mortalité, soit pour le trans-

porter au loin et ensemencer des eaux désertes, ou acclimater des espèces étrangères. Par suite, nous allons entreprendre, dès à présent, la description des divers appareils collecteurs, en indiquant pour chacun d'eux les cas où leur emploi est plus spécialement recommandé.

Appareils collecteurs mobiles. — Dans les contrées où les huîtres existent déjà, et où l'exploitation n'en a pas complétement tari les gisements, les appareils collecteurs fixes sont seuls nécessaires pour la multiplication du mollusque, mais on peut aussi leur demander de fournir la semence nécessaire au repeuplement des côtes absolument privées d'huîtres et à l'ensemencement des bassins et des parcs artificiels; en ce cas on doit faire usage des appareils collecteurs mobiles. C'est en effet là le procédé le plus économique à la fois et le plus sûr d'ensemencer les fonds vierges.

Plusieurs fois déjà des essais de repeuplement ont été entrepris en jetant dans la mer des huîtres pêchées au loin et apportées à grands frais sur le lieu de l'expérience; mais il est presque toujours arrivé que, soit l'impossibilité de conserver vivantes pendant un long parcours les huîtres mises à bord des navires, soit leur état morbide à l'arrivée et leur passage subit dans des eaux étrangères, où elles ne

rencontrent sans doute pas les conditions habituelles
de leur existence, ont fait échouer presque tous les
essais. En outre ce procédé est très-coûteux et de
plus très-lent, car les huîtres, toujours nécessairement en nombre très-limité, destinées à devenir la
source de la production future, demandent avant tout
à être respectées ; il faut donc que leur premier frai,
lequel peut quelquefois être beaucoup retardé par
suite même du dépaysement des mères, ait atteint la
taille comestible avant que l'on puisse commencer
l'exploitation du gisement créé. C'est donc un espace
de cinq ou six ans au moins, pendant lequel on ne
peut espérer tirer aucun revenu qui compense les
avances faites, et pendant lequel, par l'impossibilité
de savoir au juste ce qui se passe sous l'eau, il faut
à peu près laisser tout au hasard. Avec les appareils
collecteurs mobiles, au contraire, on apporte aisément sur les fonds à ensemencer, non pas quelques
milliers, mais plusieurs millions de jeunes huîtres
âgées de quelques mois, dont le maniement est aisé,
puisqu'elles sont toutes solidaires grâce à leur support commun, ce qui permet de les placer à volonté
dans les conditions de fond, de profondeur, de chaleur, de lumière convenables. La surveillance est facile et peut être exercée à chaque instant. Au bout
de trois ou quatre ans, lorsque les huîtres auront atteint la taille marchande, non-seulement elles pour-

ront , vu
leur grand
nombre,
être exploi-
tées et ven-
dues, mais
elles laisse-
ront encore
bien assez
de sujets
pour as-
surer le
repeuple-
ment con-
tinu et dé-
finitif.

Fascines
(*fig.* 11).—
L'appareil
collecteur
mobile le
plus simple
et le moins
dispen-
dieux, du
moins en

Fig. 11. — Collecteur en fascine.

apparence, quant aux frais d'installation, consiste en fagots ou fascines de menus branchages de châtaignier, de chêne, d'orme, de sarments de vigne, de tous les bois, en un mot, qui ne contiennent aucun principe toxique ou aromatique qui puisse, en se dissolvant dans l'eau de mer, nuire au frai ou empêcher son adhérence. Ces fascines, de 1^m 50 à 2 mètres, sont liées par le milieu au moyen d'un fort fil de fer galvanisé et goudronné, l'expérience ayant prouvé que les cordes en chanvre ne peuvent supporter sans se pourrir un séjour un peu prolongé dans la mer. Elles sont de plus munies d'une pierre destinée à les lester et à les maintenir, à l'aide d'un autre fil de fer, à 20 ou 30 centimètres au-dessus du fond. Environ trois semaines avant l'époque de la ponte, ces fascines sont descendues sur le banc d'huîtres dont on veut recueillir la semence ; on les dispose suivant la configuration de ce banc, de manière à garnir la totalité des eaux qui le recouvrent d'assez d'appareils collecteurs pour offrir partout un obstacle au départ du naissain par l'action des flots ou des marées.

L'expérience a prouvé que des fascines ainsi disposées se recouvrent si abondamment de jeunes huîtres, que chacune d'elles en renferme plusieurs milliers.

Ces fascines sont laissées en place pendant envi-

ron cinq ou six mois ; à ce moment les jeunes huîtres qui les garnissent ont atteint une taille de deux
à trois centimètres de diamètre ; on les détache aisément de la branche qu'elles recouvrent, et elles peuvent alors être placées sur les fonds que l'on veut repeupler, quelque éloignés qu'ils soient du lieu où elles
ont pris naissance, car rien n'est plus facile que de
faire voyager par mer les fascines chargées d'huîtres,
soit en les traînant simplement à la remorque d'un
bateau, soit en les fixant dans les interstices d'un radeau en charpente, si le trajet est assez long et peut
se faire par mer, soit, s'il est court et par terre, en
les emménageant dans des caisses pleines d'eau de
mer, d'où elles passent dans les viviers et les parcs
à peupler.

Le désavantage de cet appareil, c'est que les
mêmes fascines ne peuvent servir qu'une fois
et pour une seule récolte ; l'action de l'eau de mer
les a bientôt détruites, et leur durée ne saurait
même être assez longue pour permettre aux huîtres
qui les garnissent d'atteindre la taille marchande.

Ce procédé peut être avantageusement employé
pour peupler en une fois un parc, à condition, toutefois, que par la suite il pourra subvenir par lui-
même au remplacement des huîtres pêchées et à la
multiplication des produits, car le renouvellement
de la totalité des fascines chaque année serait trop

dispendieux. Enfin, de plus, ce n'est pas à ce procédé qu'il faudrait donner la préférence dans le cas
d'un très-long parcours à faire, par terre ou par mer,
pour transporter le naissain du lieu de production
et de naissance au lieu où l'élevage doit se faire.

Planchers collecteurs. — Cet appareil collecteur
est susceptible de toutes les modifications de forme
et de dimensions suivant le lieu d'exploitation. Facile
à construire, à placer, à manœuvrer, car une seule
personne peut y suffire, il ne nuit en rien au gisement d'huîtres qu'il recouvre. Mis en place une
semaine ou deux avant l'époque du frai, pendant
son séjour, il préserve les huîtres de tout dépôt
de vase, et lorsqu'il est chargé de naissain, il peut
être en peu de temps démonté, enlevé, puis trans-
porté au loin, laissant le banc qu'il recouvrait non-
seulement dans l'état primitif, quant aux huîtres qui
le forment, mais de plus enrichi et chargé d'une
grande quantité de germes qu'il n'a pu recueillir, mais
dont il a favorisé par sa présence la fixation sur le
banc producteur, quand, au contraire, dans l'état
naturel, les flots en eussent entraîné la majeure
partie.

Il consiste (*fig.* 12) en plusieurs rangées de dou-
bles pieux A, accouplés deux à deux, séparés par
un intervalle de 12 à 15 centimètres, et plantés à

force dans le sol sur toute la superficie du gisement, de telle sorte que chaque couple est distant du précédent et du suivant d'environ 2 mètres, et occupe un des angles d'un carré, leur ensemble divisant en un vaste damier la surface à recouvrir. Chaque couple de pieux est percé de part en part de deux trous, le premier à $0^m,50$, le second à $0^m,75$ ou $0^m,80$ du fond ; des clavettes en bois ou en fer passent par ces trous, faisant ainsi de chaque couple une sorte de chevalet à deux échelons. Enfin les rangées de pieux laissent entre elles au besoin un passage libre E pour les manœuvres d'exploitation.

Sur la clavette inférieure, et d'un couple à l'autre, on place des traverses B d'une seule pièce ; elles doivent être assez résistantes ; leur ensemble constitue une série de cadres carrés, contigus, sur lesquels on établit un plancher au moyen de planches brutes D, posées à plat, portant par leurs extrémités sur les traverses inférieures, et maintenues en place par des traverses supérieures pareilles C, retenues par la deuxième clavette J de chaque couple de pieux, et au besoin par des tasseaux ou coins Q Q'.

On voit qu'à l'aide de cet ensemble de traverses et de clavettes, rien n'est plus aisé que de monter rapidement et de démonter le plancher, soit pour retourner les planches qui le forment, soit pour les transporter ailleurs. Les planches doivent être en pin

Fig. 12. — Plancher collecteur.

ou sapin de $2^m,10$ à $2^m,15$ de long, sur $0^m,20$ à $0^m,25$ de large et $0^m,4$ d'épaisseur. Pour faciliter l'adhérence du frai sur la surface de ces planches, on les emploie brutes, et de plus on y soulève, avec un ciseau ou une gouge, des copeaux de 2 à 3 centimètres, qui multiplient les surfaces et rendent plus facile la cueillette des huîtres qui s'y développent. On peut aussi, et ce procédé est préférable, car non-seulement il présente en bien plus grand nombre les éminences favorables à l'adhérence du frai, mais encore il préserve les planches de l'action destructive des eaux, des mollusques xylophages et augmente par suite leur durée, on peut, dis-je, recouvrir à chaud les deux faces des planches d'une couche assez épaisse de brai sec et de goudron, dans laquelle, pendant qu'elle est encore molle, on incruste des valves de bucardes, d'huîtres, de moules, enfin de tous les coquillages que les grêves fournissent en abondance, ou simplement des fragments de madrépores ou de pierres du volume d'une noix, lesquels, constituant ainsi des espèces de stalactites artificielles, favorisent puissamment, par la multiplication et la rugosité des surfaces d'adhérence, le dépôt et le développement du naissain.

Enfin, pour offrir encore un plus grand nombre de points d'attache aux germes que l'on veut recueillir, on garnit la face inférieure de ces planches de fagots formés de branchages de châtaignier, de chêne, de sarments de vigne, de menus bois quelconques, que l'on fixe à l'aide de cordes embrassant les fagots et passant par des trous dont les planches sont préalablement percées.

Sur les fonds vaseux ou sablonneux rien n'est plus aisé que la pose des pieux qui soutiennent toute la charpente ; mais sur les fonds rocheux ou trop solides on ne saurait les employer. On peut alors les remplacer, soit par un bloc ou borne en pierre de taille G (*fig.* 12), de $0^m,70$ de haut sur $0^m,25$ d'équarrissage, percé de part en part d'un trou suffisant pour recevoir les extrémités des traverses, que l'on y assujettit à l'aide d'un coin H ; l'on maçonne ce bloc sur le fond, ou on l'y attache par des crampons en fer. On peut encore, dans ce cas, faire usage de pieux engagés de force dans un trou que l'on perce dans un bloc de pierre brute d'environ $0^m,30$ d'épaisseur sur $0^m,50$ d'équarrissage, dont le poids, quand l'ensemble des charpentes est monté, rendra les divers pieux solidaires les uns des autres, et suffira pour maintenir la fixité de l'appareil.

Le plancher collecteur est, il est vrai, souvent coûteux à établir, d'autant plus que, vu le séjour assez long qu'il doit faire dans l'eau, il faut choisir des bois de bonne qualité et d'une essence compacte et résistante ; mais il n'exige dans son ajus-

tage ni main-d'œuvre délicate ni un grand degré
de fini, et il a de plus l'avantage de durer longtemps et de pouvoir servir à plusieurs récoltes.

Cependant, dans les eaux où l'on rencontre le taret[1]
et d'autres mollusques xylophages, une seule cam-
pagne suffit quelquefois pour le mettre hors de
service. Dans ce cas, on peut, au lieu d'une charpente en bois, employer des supports de même
genre en fer galvanisé, et remplacer les planches
par des cadres garnis d'une toile métallique dont
les deux faces seraient recouvertes de stalactites
artificielles, faites, comme on l'a dit précédemment,
avec un mélange agglutinant de brai sec et de goudron, sur lequel on implante des coquilles ou des
fragments de pierres. La toile métallique qui forme
l'âme de cette espèce de plaque de brai lui donnerait une solidité suffisante. Quant aux supports,
ce seraient des sortes de cadres ou de grils, assez
vastes pour recevoir au moins trois de ces plaques,
qui s'y fixeraient à l'aide de clavettes et de boulons,
et portés comme une table sur 4 ou 8 pieds enfoncés dans le sol jusqu'à un point d'arrêt, ou soudés
chacun dans des blocs de pierre qui donneraient
à l'ensemble la fixité nécessaire. On placerait ces

1. Les *Annales du Génie civil* ont publié (livraison de décembre
1864), un travail fort intéressant sur le taret et les ravages qu'il
exerce dans les constructions sous-marines en bois.

tables en files, l'une à la suite de l'autre et se touchant mutuellement, en laissant entre chaque file des passages de service, et les distribuant suivant la configuration du banc.

Quant au transport des germes recueillis sur les planches des planchers collecteurs, il peut s'effectuer aisément, soit par mer, soit par terre. Par mer, on suspend en long et verticalement les planches démontées dans un cadre garni de flotteurs, où elles sont rangées dans le sens du courant ou du sillage, comme les rayons d'une étagère, à environ $0^m,25$ de distance l'une de l'autre, et ainsi plongées constamment dans l'eau. On peut ensuite remorquer sans peine à toute distance ces cadres flottants.

Pour le transport par terre, on peut disposer de même un certain nombre de ces planches dans des caisses pleines d'eau de mer, ou les emballer en plaçant chaque planche entre deux couches d'herbes marines bien mouillées. Ainsi aménagées, les jeunes huîtres peuvent faire sans grand dommage un voyage de un à deux jours.

Arrivées au lieu où doit se faire leur développement définitif et leur élevage, on détache les huîtres des copeaux ou des stalactites artificielles auxquelles elles sont adhérentes, opération qui se fait sans peine, et ne demande qu'un peu d'adresse et d'attention, et on les dépose sur les fonds qu'elles doivent peu-

pler ; ou bien encore les planches elles - mêmes
sont replacées sur des cadres analogues à ceux
qu'elles ont quittés, et les huîtres continuent à s'y
développer à l'abri de la vase, en même temps que,
par la construction même de l'appareil, on peut,
en retournant les planches sens dessus dessous,
faire varier au besoin les conditions d'aération et
de lumière.

Rucher collecteur. — Cet appareil réunit le
double avantage de présenter sous un volume relativement petit la plus grande étendue possible de
surface pour le dépôt des germes, en même temps
que, par les châssis mobiles et indépendants qui le
constituent, il présente, pour le transport et le développement ultérieur des huîtres, les conditions les
plus favorables.

Cet appareil consiste, essentiellement (*fig.* 13),
en une caisse rectangulaire de deux mètres de long
sur un mètre dans les deux autres sens, elle est dépourvue de fond.

Cette caisse est formée de planches O, placées à
une distance l'une de l'autre de 2 à 3 centimètres,
ou percées de trous, pour que l'eau puisse sans
peine circuler et se renouveler à l'intérieur ; ces
planches sont maintenues en place et solidement
fixées, sur les deux faces antérieure et postérieure,

par deux liteaux RR, qui, dépassant le bord inférieur
de la caisse, vont rejoindre une bande de bois Q

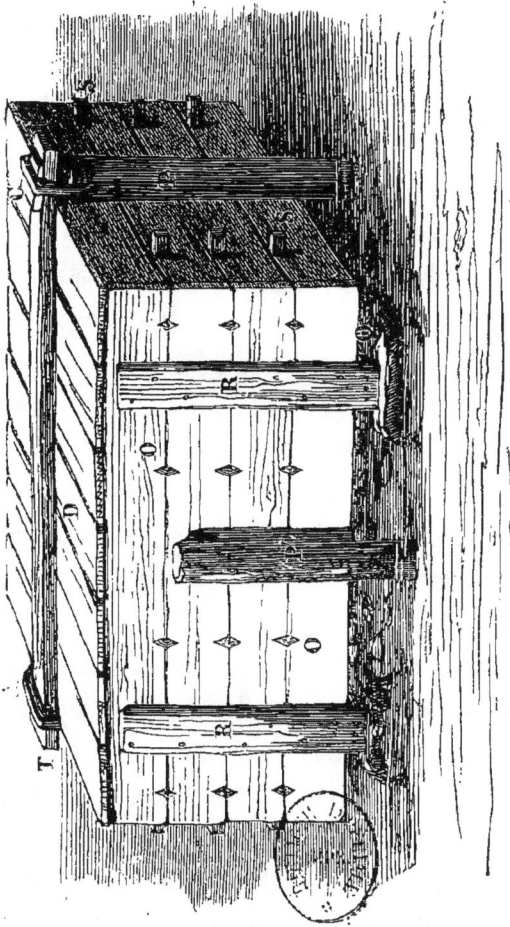

Fig. 13. — Rucher collecteur (vue extérieure).

qui va d'un bord à l'autre du fond. Les faces laté-
rales sont percées de trois rangées de trous pour

donner passage à des traverses S, sur lesquelles se
placent à l'intérieur des châssis mobiles qui divisent
la caisse en compartiments superposés. Le couvercle général est formé de planchettes D mises
côte à côte et maintenues en place par la barre T,
laquelle se glisse comme une coulisse dans les deux
taquets à anse A, qui terminent les deux pieux chargés de maintenir l'appareil sur les deux faces laté-
rales. Il est inutile d'ajouter que l'appareil devant
faire un assez long séjour à la mer et servir pendant plusieurs années, il doit être construit en
planches solides d'une essence résistante, comme le
chêne, par exemple, et que, autant que possible,
l'ajustage des diverses parties doit se faire par l'en-
castrement des bois eux-mêmes, en n'employant ni
fer ni clous ; et si l'on doit absolument en faire usage,
il faut donner la préférence aux ferrures et aux clous
galvanisés.

Les châssis, que l'on place sur les traverses S,
sont des cadres en bois de 4 centimètres d'épaisseur,
garnis de deux anses pour en faciliter le maniement,
et dont le vide central est garni d'une toile métallique, d'un filet de corde (*fig.* 14), ou d'un treillage en laiton, à mailles d'environ 2 centimètres
de côté. Pour augmenter la solidité du cadre et
soutenir le filet ou treillage, on peut y ajouter,
soit deux tringles diagonales en laiton, soit une

traverse en bois. Ces châssis ont les dimensions nécessaires pour garnir, en se plaçant par deux, côte à
côte, chaque étage de la caisse, et on les y dispose
comme le montre la figure 15, où la partie antérieure
de la caisse est enlevée, de manière à laisser voir
l'aménagement intérieur. Mais il est important de

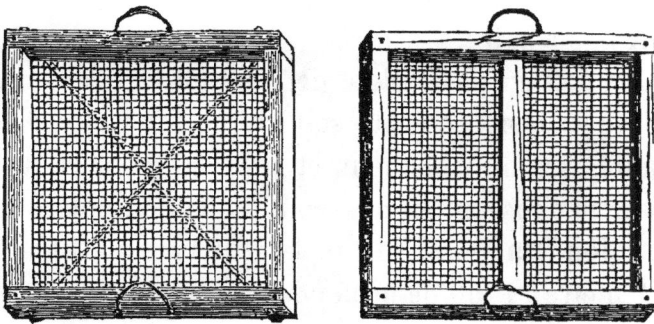

Fig. 14.

donner aux châssis un jeu suffisant pour que leur
manœuvre puisse se faire à tout instant sans peine
et sans secousses.

Voici maintenant dans quels cas on fait usage de
cet appareil et comment on opère.

Le rucher collecteur est précieux surtout lorsque,
l'ostréiculteur n'ayant point à sa portée un gisement naturel sur lequel il puisse recueillir de la
semence, il veut néanmoins se procurer une assez
grande quantité de germes pour peupler en peu de
temps et à coup sûr un parc ou un vivier. Or il

peut toujours, un peu avant l'époque du frai, faire
venir du banc le plus rapproché de son bassin
d'exploitation quelques centaines d'huîtres adultes
pêchées à la mer, car lorsque les huîtres ont atteint
une certaine taille elles peuvent subir sans grand
dommage un transport même de plusieurs jours,
pourvu que l'on ait la précaution de les faire boire
de temps à autre.

Une fois en possession de ces huîtres, dans un
endroit choisi, où l'eau soit calme sans être stagnante, le fond rocheux et propre, à l'abri des
vases, et dans de bonnes conditions de lumière et
de profondeur — ou encore dans un bassin artificiel
de 1 mètre à 1^{m}50 de profondeur, communiquant à
la mer à chaque marée — on dispose la caisse enveloppe du rucher collecteur, en faisant au besoin
reposer sur des pierres les traverses inférieures, de
manière que le fond ne touche pas le sol et que l'eau
y circule librement ; puis on enfonce quatre poteaux
P,P (*fig.* 13), un sur le milieu de chaque face pour
éviter tout ballottement par l'action du flot et maintenir l'appareil en place. Cela fait, le couvercle
étant démonté, et l'intérieur complétement vide,
on dépose sur le sol circonscrit par la caisse une
soixantaine d'huîtres mères, en ayant soin, si le sol
est mou ou un peu vaseux, d'y semer préalablement
des coquilles et des valves de bucardes, de vénus,

etc., afin que les huîtres, qu'on dépose par-dessus, ne puissent s'enfoncer et soient toujours dans une

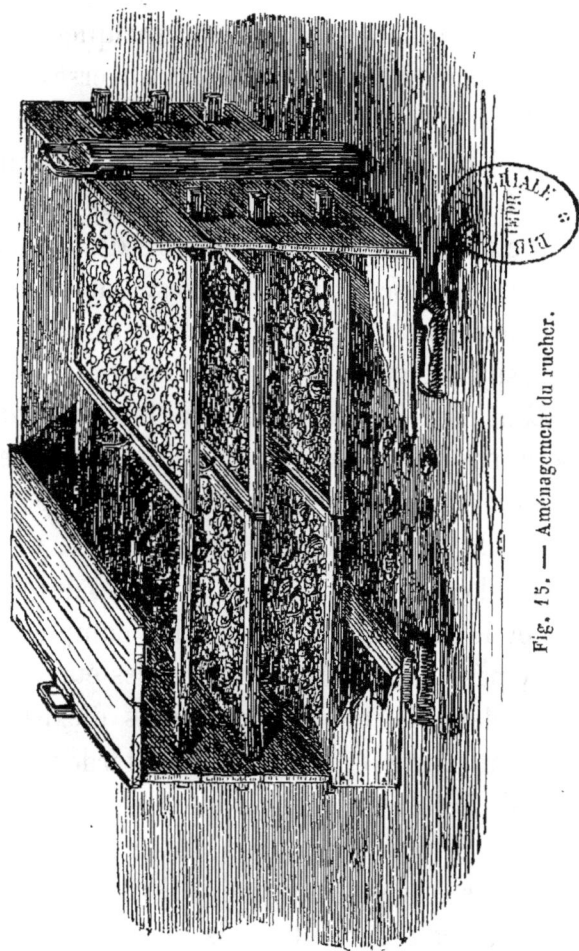

Fig. 15. — Aménagement du rucher.

eau pure. Cela fait, on place les deux traverses S, S, inférieures ; sur elles, on dispose deux châssis (*fig.* 14), pour lesquels on opère comme pour le fond naturel, c'est à-dire qu'après les avoir recouverts d'une couche de coquilles on y dépose, également réparties sur leur surface, quelques huîtres mères; on place ensuite les deux traverses S, S, intermédiaires, puis les deux châssis, que l'on garnit aussi de coquilles et d'huîtres, et enfin la troisième série de traverses et de châssis (*fig.* 15), sur lesquels cette fois on sème encore des coquilles, mais on ne dépose point d'huîtres. Alors on met en place les planchettes qui forment le couvercle, on les assujettit au moyen de la traverse A, qui s'engageant dans les taquets à anse T, et consolidée au besoin par des coins C, a de plus pour effet de rendre tout l'appareil solidaire des deux poteaux latéraux et de l'immobiliser complétement.

L'appareil étant ainsi disposé, puis abandonné à lui-même, il est facile de se rendre compte de ce qui va s'y passer. Les huîtres de tous les étages, placées ainsi dans de bonnes conditions d'existence, dans une eau pure et tranquille, ne tardent pas à frayer. Mais le frai qu'elles émettent se trouve emprisonné ou à peu près dans les compartiments formés par les étages superposés : il y reste donc et se dépose un peu partout, mais de préférence sur les écaillés et les coquilles de toute sorte dont les châssis sont garnis, et là il opère son developpement dans les meilleures conditions possibles et à l'abri de tout danger.

Au bout de cinq à six mois, les jeunes huîtres ont atteint une taille suffisante pour que leur déplacement puisse s'effectuer sans danger. On démonte alors l'appareil, pièce à pièce, en commençant par le couvercle ; on enlève un à un tous les châssis, et l'on dépose leur contenu sur le sol d'un parc, d'un vivier, d'une claire, enfin sur le fond que l'on veut ensemencer. S'il s'agit de les transporter au loin, rien de plus aisé; on dépose les châssis dans des caisses flottantes percées de trous, on les y superpose en étagères, en plaçant entre chaque rang une couche d'herbes marines pour éviter la confusion et les frottements que le ballottement pourrait produire, puis on remorque ces caisses à la traîne, ou on les attache à l'arrière contre les flancs du bateau remorqueur. On peut ainsi leur faire parcourir de longues distances sans danger et sans risque de briser les coquilles des jeunes huîtres ou de les détacher de leurs supports. Emballées de même dans des caisses avec des herbes marines humides elles peuvent très-bien supporter un transport par terre.

Pour une petite exploitation, qui ne peut disposer que de moyens limités, soit comme étendue, soit comme dépense et main-d'œuvre, c'est à coup

sûr au rucher collecteur que l'on doit donner la
préférence. Par le procédé ingénieux de multiplication des surfaces qui en fait le caractère distinctif,
il permet de faire éclore d'innombrables germes
dans un espace très-restreint ; une petite crique de
quelques mètres carrés de superficie, un petit bassin artificiel, qui se remplit à chaque marée, un
petit pertuis entre deux rochers, suffisent amplement pour la production des milliers de germes
nécessaires à l'ensemencement d'un vivier, même
des plus vastes, car la possibilité d'accoupler ensemble deux ou un plus grand nombre de ruchers,
sans que leur agglomération puisse nuire en rien
aux huîtres et aux germes qu'ils contiennent, permet
de répondre à tous les besoins de l'élevage, quelque
restreint et quelque immense qu'il soit. Enfin l'appareil en lui-même, outre qu'il est facile à manœuvrer, à monter, à transporter, peut servir pendant
plusieurs années, car rien n'empêche de faire usage
pour sa construction de bois d'une espèce résistante,
et d'employer pour eux, du moins à l'extérieur,
les procédés de doublage et de conservation usités
pour les carènes des vaisseaux. Pour l'intérieur,
on pourrait enduire toutes les parois, les traverses,
les cadres des châssis du mélange de goudron et de
brai dont il a été question plus haut, et les recouvrir de stalactites artificielles, qui feraient de

ces parois, tout en les préservant d'altérations trop promptes, des surfaces propres à l'adhérence des germes et au développement du frai.

Appareils collecteurs fixes. — Lorsque les fonds sur lesquels on opère sont déjà ensemencés, soit par la préexistence d'un banc naturel, soit par le fait d'un repeuplement artificiel, les collecteurs mobiles deviennent inutiles, et, pour la multiplication des huîtres qui garnissent ces fonds, on n'a plus recours qu'aux appareils collecteurs fixes, qui, beaucoup moins coûteux et compliqués que les précédents, remplissent le même office, ce sont :

1° *Pavés collecteurs.* — Ce procédé, employé à l'île de Ré, à la Rochelle, etc., consiste à garnir les fonds de blocs de pierre irrégulièrement brisés, à l'aide desquels on forme une sorte de pavage inégal, en disposant les pierres de manière qu'elles présentent le plus d'anfractuosités et de creux possible. Le meilleur arrangement consiste à disposer ces pavés trois par trois, deux posés à plat, l'un à côté de l'autre, à une certaine distance, et le troisième par-dessus, s'appuyant par ses deux extrémités sur les deux premiers, de manière à former une sorte de pont dont la voûte, assez élevée au-dessus du fond, est à l'abri de l'envasement. Le frai des huîtres vient se déposer sur ces pierres, de préférence dans les trous qu'elles présentent et sous la pierre supérieure, qui offre aux jeunes huîtres un abri sûr, une eau pure, une lumière douce, conditions nécessaires pendant les premiers temps de leur existence.

La première année on doit tout laisser en place dans l'état primitif, et, à l'époque nouvelle du frai, il suffit de retourner simplement sens dessus dessous le pavé supérieur, sans toucher en aucune façon aux deux autres; alors les huîtres qui garnissaient la face inférieure de ce pavé se trouvent en pleine lumière, condition favorable à leur développement ultérieur, et la face supérieure, devenue inférieure, va se recouvrir de la génération nouvelle. La troisième année, on détache les huîtres qui garnissent la face supérieure, lesquelles sont alors suffisamment développées pour subir le régime commun, ou pour aller achever leur développement dans les bassins d'élevage, et l'on retourne le pavé à nouveau, pour recommencer de même l'année suivante.

Ce procédé est peu dispendieux, du moins dans les parages maritimes où, comme à l'île de Ré, les rochers de la côte fournissent amplement aux industriels la provision de pavés nécessaire à leur exploitation; il ne demande, comme on le voit, ni

.beaucoup d'habileté ni une main-d'œuvre longue ou pénible, mais il a un inconvénient grave, c'est que les huîtres qui se développent sur les pavés s'y incrustent si solidement, que l'on ne peut les en détacher sans en détruire un très-grand nombre, et que souvent elles y contractent des formes défectueuses qui les feraient peu rechercher par le commerce. Je pense, néanmoins, que la nature du pavé collecteur est pour beaucoup dans le premier de ces deux désavantages, et que là où l'on pourrait faire usage de pierres tendres, comme certains calcaires, les pouddingues sableux, les roches madréporiques et les polypiers, l'adhérence des coquilles serait aisée à détruire, et dans ce cas le procédé des pavés collecteurs serait, comme économie et facilité de pose, celui que l'on devrait préférer.

Du reste les huîtres à formes défectueuses, qui sont peu recherchées pour la consommation en nature, peuvent servir, sans désavantage aucun, à fabriquer les huîtres marinées, ou les conserves de tout autre genre, et trouvent là un débouché toujours ouvert et rémunérateur.

2° *Toit collecteur.* — Dans les régions où la pierre fait défaut, et aussi pour éviter les inconvénients signalés des pavés collecteurs, on peut faire

6.

usage, pour recueillir le naissain des huîtres, de.
tuiles-canal, pareilles à celles que l'on emploie dans
certaines contrées pour la couverture des maisons.

On construit, sur le fond même où gisent les
huîtres dont on veut recueillir le frai, des lignes de
piquets enfoncés dans le sol, qu'ils dépassent de
quinze à vingt centimètres; sur ces piquets on cloue
des lattes ou traverses, et sur les chevalets formés
par leur ensemble, on range les tuiles à plat, côte
à côte (*fig.* 16), et la concavité en dessous; on les

Fig. 16. — Toit collecteur.

charge çà et là de pierres assez lourdes pour que les
mouvements des flots ne puissent les déplacer ou
les soulever. Mais cette disposition n'est pas la seule,
on peut en adopter plusieurs autres, qui multiplient

les surfaces d'adhérence ; ainsi on peut (*fig.* 17), disposer les tuiles par deux rangs superposés et croisés, formant alors un toit collecteur double ; on peut encore (*fig.* 18) engager les tuiles en files obliques entre les chevalets, construits en ce cas en rangs plus rapprochés ; elles doivent alors faire avec le sol un angle de vingt-cinq à trente degrés ; ou enfin on peut encore, et dans ce cas on économise la construction et le remplacement des chevalets en bois, disposer les tuiles sous forme de tente ou de voûte angulaire, consolidée en premier lieu par l'appui mutuel que les tuiles se prêtent entre elles, et ensuite par des pierres que l'on

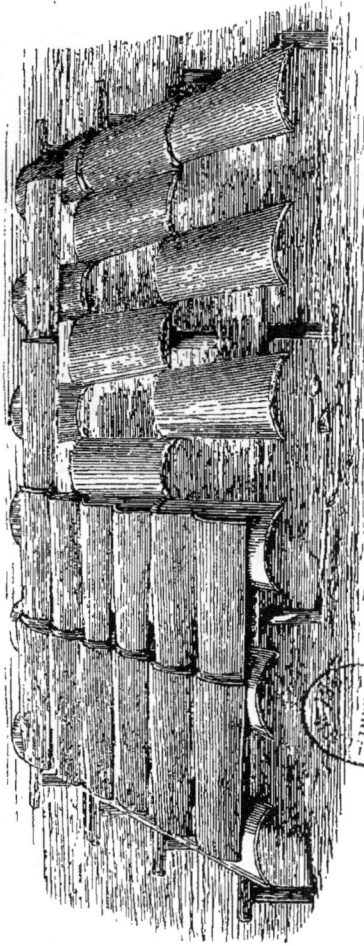

Fig. 17. — Toit collecteur double.

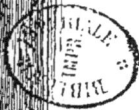

dispose entre les files. Cette dernière disposition est la plus facile, la moins coûteuse, et n'est pas pour

Fig. 18. — Toit collecteur.

cela la plus mauvaise, car sur un même espace elle offre des surfaces d'adhérence bien plus étendues (*fig.* 19).

Quoi qu'il en soit, à l'époque du frai les faces concaves des tuiles se garnissent de naissain, qui s'y développe dans de bonnes conditions, et que l'on peut ensuite détacher ou détroquer aisément lorsque la taille des huîtres est suffisante pour en garnir les parcs d'élevage, ou simplement les fonds mêmes sur lesquels elles ont pris naissance.

On doit à **M.** le docteur Kemmerer, de l'île de Ré, de nombreux perfectionnements à l'emploi des tuiles

comme appareils collecteurs. La tuile est en effet le
collecteur fixe par excellence ; sauf que, comme le
pavé collecteur,
elle contracte avec
la coquille de l'huî-
tre une adhérence
trop complète, qui
fait que le mollus-
que ne peut en
être détaché sans
pertes nombreu-
ses, ou y con-
tracte des formes
défectueuses. Le
docteur Kemme-
rer, pour remé-
dier à cet incon-
vénient, enduit
la tuile d'une cou-
che de mastic,
formé de chaux
hydraulique, qua-
tre parties d'eau et
une de sang dé-
fibriné. Ce mastic

Fig. 19. — Toit collecteur.

sèche rapidement, durcit sous l'eau, mais reste
assez fragile pour que l'huître s'en détache sans

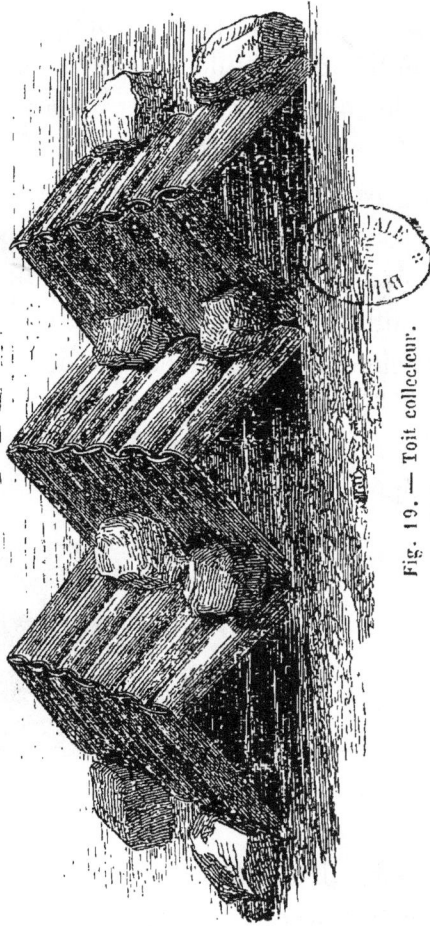

peine ; on peut même enlever d'un seul morceau la
croûte de mastic qui garnit la tuile, lorsque le naissain y a pris un certain développement, et la transporter au loin pour repeupler les parcs incultes,
tandis que la tuile primitive, recouverte d'une nouvelle couche de mastic, sert à un nouvel élevage.

L'enduit ci-dessus est employé quand le travail
de préparation peut se faire à domicile. Pour les
réparations d'entretien, qui ne peuvent se faire hors
du parc, on emploie un enduit fait de chaux hydraulique et de ciment de Grignon ou de Vassy,
gâché très-dur, ou encore de chaux hydraulique et
de brique pilée. La présence du calcaire semble
du reste avoir une influence toute favorable au
dépôt du naissain. La figure 20 représente les di-

Fig. 20. — Tuiles Kemmerer.

verses dispositions adoptées de préférence par le
docteur Kemmerer pour l'emploi de ses tuiles mas-
tiquées. Les numéros 1, 2, 3, 4 représentent la
tuile simple percée d'un trou central, puis la tuile

mastiquée, garnie simplement de mastic, ou, en outre, de petits fagots de sarments, ou de coquilles noyées dans le mastic ; et les numéros 1, 2 (*fig.* 21),

Fig. 21. — Toits collecteurs.

représentent les modes de superposition les meilleurs pour augmenter les surfaces, tout en donnant à l'ensemble une solidité suffisante.

Les divers appareils que nous venons de décrire ne sont certainement pas les seuls en usage, ni les seuls dont on doive recommander l'emploi. La condition essentielle que tout collecteur doit remplir, celle d'offrir à l'adhérence des germes des surfaces propices et étendues, est si simple, que l'on peut varier de mille manières le mode de construction de ces appareils. Le principe fondamental une fois compris, et les collecteurs décrits ci-dessus servant de modèle, c'est à l'ostréiculteur à en varier les formes, les dispositions et les éléments, suivant ses moyens, suivant les ressources de la localité qu'il exploite, et suivant le prix des divers matériaux. Sur ce sujet nous l'abandonnons donc à ses propres lumières, et nous espérons en avoir assez dit pour qu'il ne risque pas de marcher en aveugle dans cette première partie de l'industrie huîtrière, pour laquelle l'appareil collecteur est l'instrument de première importance.

CHAPITRE III

Préparation des fonds. Construction des claires, parcs, viviers, etc.

Tous les fonds ne sont pas également propices à la culture de l'huître, certains même y sont complétement rebelles, et ne peuvent se modifier que par des préparations préalables qui en changent complétement la nature. Il est donc d'une importance première pour tout ostréiculteur de savoir apprécier la nature du fond qu'il veut exploiter, au point de vue de son aptitude plus ou moins grande à la reproduction et au développement du mollusque, et de pouvoir le modifier au besoin.

Tel est le sujet que nous traiterons dans ce chapitre.

Le type du fond marin spécialement favorable aux huîtres nous est offert par plusieurs points de notre littoral, et en particulier par celui de la rade de Saint-Brieuc. Le fond est solide, propre, recouvert d'une couche peu épaisse de sable fin, formé

7

par des débris de coquilles pulvérisés par l'action des lames et leur frottement mutuel, et parsemé abondamment de gros fragments et de valves entières. Il s'y dépose une légère couche de vase et d'enduit marneux ; dépôt inévitable à peu près partout, mais qui ne s'accroît jamais au point de devenir dangereux ; car, à chaque marée, le flot qui l'apporte, arrivant du large avec une grande vitesse, l'entraîne aussi en se retirant. De plus, l'eau de cette baie est singulièrement propre au développement de toutes les races marines, par les propriétés vivifiantes d'aération qu'elle contracte en se brisant sans cesse sur les nombreux rochers qui garnissent les côtes, et par son renouvellement continuel, qui en maintient la température dans une moyenne favorable.

Nous prendrons ce fond privilégié pour type et pour modèle, et nous indiquerons par quels moyens on peut modifier ceux qui s'en écartent en quelques points, de manière à y faire naître autant que possible les conditions favorables que celui-ci présente.

On peut dire, en général, que tous les fonds sont ou peuvent devenir, à des degrés divers, propres à la culture des huîtres ; les seuls que l'on doive absolument excepter sont ceux qui présentent des amas de vase dont la profondeur est trop considérable et

le renouvellement trop rapide pour qu'on puisse
jamais en espérer l'écoulement, et les fonds constitués par des bancs de sable dont la profondeur et
la configuration varient à chaque grande marée ou à
chaque grosse mer, ensevelissant d'un côté ce qu'ils
découvrent de l'autre. Du reste, l'impossibilité et le
danger de toute préparation préalable sur des fonds
de ce genre suffisent pour y interdire toute tenta-
tive d'exploitation.

Nous les laisserons donc de côté, du moins dans
ce chapitre, qui ne traite que de l'ostréiculture, et
nous ne nous occuperons que des fonds naturellement solides, et dont les dépôts superficiels seuls
altèrent la nature.

1° *Fonds vaseux.* — La vase est, on le sait, le
résultat du dépôt de matières pulvérulentes de toute
nature que les flots tiennent en suspension, et dont
ils se sont chargés, soit en bouleversant les fonds
de la pleine mer pendant les gros temps, soit au
contact des détritus des espèces végétales et ani-
males en décomposition, soit enfin par l'action éro-
sive des vagues sur les roches sous-marines. Tant
que l'eau est dans un état suffisant d'agitation, ces
matières restent en suspension, la vase ne se dépose pas; mais lorsque le flot est calme ces pou-
dres impalpables, plus denses que l'eau, se dépo-

sent, l'envasement commence, et pour peu que
la stagnation favorable à ce dépôt continue un peu
de temps, pour peu que, par suite de circonstances
particulières, produites, soit par la main de l'homme,
soit par la disposition naturelle des lieux, l'agitation qui pourrait délayer et entraîner ce dépôt ne
puisse se propager aux flots qui le recouvrent, la
couche de vase va sans cesse en augmentant, et
stérilise bientôt tout le fond qu'elle recouvre.

La première chose à faire pour qu'un fond vaseux devienne propre à la culture des huîtres est
donc, non-seulement de faire disparaître la vase
qui le recouvre, mais encore et surtout d'éviter son
dépôt ultérieur.

Le moyen le plus sûr, en même temps que le
plus économique, est de charger le flot lui-même
de remédier au mal qu'il a produit et de prévenir
son retour.

Or une observation très-simple nous en donne
le moyen.

Jamais on ne trouve de dépôt vaseux au pied
d'une falaise rocheuse ou sur un fond semé de
récifs ; c'est qu'en effet dans ces parages le
flot, même pendant les plus grands calmes, n'est
jamais en repos ; l'eau y est toujours agitée par
l'effet des petites lames qui se brisent sans trêve
contre les mille obstacles qu'elles rencontrent.

Quoique pure, l'eau y est toujours chargée de particules infiniment petites provenant des espèces
minérales qui forment le fond, ou de débris organiques qu'elle y pulvérise ; on les y voit sans peine
lorsque les rayons du soleil éclairent la profondeur
de cette eau, de même que dans une chambre
sombre on voit les particules de poussière qui flottent dans l'air marquer la trace du rayon de lumière qui y pénètre. En un mot, dans les fonds de
ce genre, l'eau fabrique de la vase, mais elle ne l'y
dépose pas. C'est cet effet naturel qu'il s'agit de reproduire artificiellement sur les fonds envasés, pour
les nettoyer d'abord, puis pour prévenir le retour
de l'envasement. Pour cela, on forme, à l'aide de
fragments de roches irrégulièrement brisés, en les
disposant dans un désordre calculé de manière à
produire le plus d'obstacles et de brisants possible
à l'action de la lame, une première ceinture à l'extrême limite de la vasière, du côté de la plage, et
dès le lendemain même on pourra déjà constater le
succès de cette manœuvre ; la lame vient en défer-
lant se briser sur ces roches, les fouiller en tous
sens, et se retire chaque fois chargée de limon
qu'elle entraîne avec elle, et dont l'épaisseur au bas
de cette première ceinture va sans cesse en décrois-
sant. La limite de la vase ainsi reculée de quelques
pas, une nouvelle ceinture de brisants artificiels est

disposée en avant de la première ; le même effet se
produit encore ; puis de nouveaux brisants disposés
en ceintures successives chassant encore la vase de
plus loin en plus loin, on conquiert de proche en
proche des terrains solides, visités par des eaux
pures et aérées, où l'ensemencement des huîtres se
fera sans obstacle ; souvent même se produira-t-il de
lui-même, en offrant au frai venu de la haute mer
un lieu privilégié pour se fixer et continuer son développement.

Une fois le dépôt de vase complétement détruit,
les roches à l'aide desquelles on a obtenu ce résultat
serviront à en prévenir le retour ; mais on peut
alors en diminuer beaucoup le nombre, à moins
qu'on ne veuille pourtant les utiliser comme collecteurs fixes (Voy. p. 99), dont nous avons signalé
les avantages et les inconvénients. Dans le cas contraire, on peut n'en laisser subsister que quelques
lignes, et semer sur les espaces vides intermédiaires
des coquilles, des valves de mollusques divers, que
l'on trouve en abondance presque partout, et former ainsi des zones parfaitement appropriées à
l'emploi des autres collecteurs, soit fixes, soit mobiles.

Fonds sablonneux.— Les fonds sablonneux, si le
sable n'y forme qu'une couche peu épaisse et reposant

sur un tuf solide, si, de plus, l'action des courants, des marées ou des grosses mers n'y est jamais
assez intense pour y produire des déplacements
considérables capables d'ensevelir les huîtres que
l'on tenterait d'y élever, sont les meilleurs ; on peut
les exploiter sans crainte. On pourra seulement,
avant l'ensemencement, y répandre une couche de
coquilles, qui, s'engageant à demi dans le sable, lui
donneront de la fixité, et, se consolidant de plus en
plus par les adhérences que les huîtres contractent
avec elles, ne tarderont pas à les transformer en
fonds solides, où se constitueront bientôt des bancs
d'une grande richesse.

Fonds garnis de végétaux. — Enfin, certains
fonds sont envahis par une abondante végétation
sous-marine constituée par des laminaires, des
algues, des fucus de tout genre, ou par le *maërle*.
Dans leur état naturel ces fonds ne sauraient être
utilisés pour la culture des huîtres. Par leur seule
présence ces herbes marines étoufferaient les huîtres et leurs germes, et de plus elles donnent asile
à une multitude de crustacés, de mollusques, de
polypes, dont les uns forment leur nourriture spéciale du naissain des autres races marines, qu'ils
saisissent au passage avec les tentacules mobiles
dont leur bouche est garnie, et dont les autres,

munis d'instruments perforants, percent les coquilles des mollusques et dévorent l'animal qu'elles
renferment. Il faut donc, avant tout, si l'on veut
fertiliser ces fonds et y cultiver l'huître, commencer
par enlever, à l'aide de draguages profonds et fréquents, toute la végétation parasite qui les recouvre; puis, pour éviter qu'elle ne se reproduise,
recouvrir tout le sol d'une couche épaisse de coquilles et de fragments de roches madréporiques,
et leur donner de la consistance par une sorte de
pilonage qui les tasse, les enterre à moitié, et recouvre complétement le sous-sol. Mais même alors
il sera bien de surveiller constamment ces fonds, car
les végétaux marins ont une grande tendance à se
reproduire aux mêmes lieux, où subsistent pendant
longtemps, soit des racines souterraines, soit des
germes. Ce n'est qu'à force de persistance que l'on
parviendra à les détruire définitivement. Alors seulement on pourra y semer les huîtres sans crainte
de perdre et la semence et les récoltes futures.

Ce que nous venons de dire des herbes marines
s'applique également aux moules, dans le cas où
l'on voudrait leur substituer des huîtres. Des draguages fréquents seront nécessaires pour enlever la
plus grande partie des gisements de ce mollusque,
dont la présence, du reste, coïncide presque toujours avec l'envasement, et nécessite, dans ce cas,

les pratiques indiquées plus haut. Mais comme la moule est, que l'on me passe ce mot, essentiellement rustique et s'accommode à peu près de tous les régimes, lorsque le dépôt de vase aura disparu, lorsque les moules du fond auront été enlevées par la drague, il n'en faudra pas moins pendant longtemps faire des visites fréquentes et sévères des appareils collecteurs, et enlever soigneusement toutes les grappes de moules, petites ou grandes, que l'on découvrira. Lorsque, du reste, la multiplication de l'huître sera en bonne voie, lorsque ce mollusque couvrira tout le fond sans laisser de lacune, on pourra relâcher un peu cette active surveillance, car si la moule, lorsqu'elle peut envahir un fond, est pour l'huître un ennemi redoutable, la réciproque est également vraie, et la présence d'un banc d'huîtres en voie de progrès suffit pour chasser les moules du fond qu'elles occupent.

Fonds émergents et non émergents. — Enfin, les fonds marins peuvent encore se partager en fonds émergents et en fonds non émergents. Les premiers, que présentent toutes les côtes de l'Océan et de la Manche, sont ceux qui découvrent, sinon à toutes les marées, du moins aux plus basses mers, et laissent alors, pendant un temps variable, qui peut aller jusqu'à plusieurs heures par jour, les êtres

7.

marins qui les peuplent exposés à l'air et à la lumière. Les seconds, les fonds non émergents, font, dans l'Océan, suite aux premiers, et ne découvrent jamais. Sur les côtes de la Méditerranée et des autres mers intérieures, où l'action de la marée ne se fait point sentir, tous les fonds sont non émergents. Les uns et les autres sont propres à la culture de l'huître, mais à des degrés variables suivant les circonstances.

Les fonds émergents, par cela seul qu'ils découvrent fréquemment, ont l'immense avantage de faciliter tous les travaux d'aménagement qui sont nécessaires ; le triage, l'arrangement, la récolte des huîtres peuvent s'y faire à pied sec et sans peine. Mais les huîtres de tout âge ne sauraient s'arranger indifféremment d'un long séjour à l'air, exposées aux ardeurs du soleil pendant l'été, et aux gelées pendant l'hiver. Les jeunes huîtres périraient à coup sûr par leur action trop prolongée, tandis que les huîtres d'un certain âge peuvent y résister sans trop de dommage. On devra donc toujours, autant que possible, disposer l'exploitation de manière qu'elle comprenne, avec des terrains émergents, une portion de terrain qui ne découvre jamais complétement, et sur laquelle on établira de préférence les appareils collecteurs chargés de germes ; là aussi on déposera les jeunes sujets. Puis à mesure que ces huîtres acquerront avec le temps une taille plus grande et une plus grande force de résistance aux agents extérieurs, on les reportera en arrière, d'abord sur la zone de terrain qui ne découvre que peu de temps, puis sur celle qui découvre un peu plus, et ainsi de suite, de sorte que les huîtres de divers âges seront rangées par zones parallèles à la mer, et par rang de taille et d'âge; les plus âgées, celles destinées à la consommation, sur la limite extrême où la mer atteint; les plus jeunes, au point le plus bas qui ne découvre jamais. Comme les collecteurs fourniront chaque année les germes nécessaires pour repeupler les premières zones, dont les sujets, âgés d'un an, auront passé sur la zone suivante, on établira ainsi un mode de roulement continu, simplifiant et facilitant à la fois l'exploitation.

Quant aux terrains qui ne découvrent jamais, et de ce nombre sont tous ceux du littoral de la Méditerranée, on peut également y élever des huîtres, mais ce sont les plus susceptibles d'envasement, par suite de la stagnation des eaux à une certaine profondeur; c'est même là une des causes principales de l'absence de gisements d'huîtres sur la plupart des côtes de cette mer intérieure, excepté pourtant dans certains points, comme le golfe de Lion, où l'agitation continue des flots, produite par les grands courants qui s'y brisent, empêche le dépôt des vases.

Dans des fonds de ce genre, on doit choisir de préférence les endroits peu recouverts, d'une profondeur d'eau de un à deux mètres tout au plus, et employer le système d'enrochement recommandé pour les terrains vaseux, afin que les lames, en s'y brisant, produisent une agitation continue qui renouvelle l'eau et empêche tout dépôt.

Du reste les points où l'élevage des huîtres peut se faire avec succès et avantage abondent dans la Méditerranée, et un grand nombre ne demandent même aucune préparation préalable. Je citerai entre autres tout le littoral de Cette à Aigues-Mortes et à Toulon, les parages des îles Sanguinaires, les côtes de la Corse, celles d'Afrique, et les grands lacs salés des environs de Montpellier et de Cette, qui semblent être de vastes bassins naturels construits spécialement en vue de cette exploitation. Mais pour tous ces parages il faudra avancer de trois semaines à un mois environ tout ce que nous avons dit touchant les époques du frai, l'établissement des collecteurs, etc., la température plus élevée et plus hâtive de cette latitude amenant une précocité relative dans la ponte du naissain.

Néanmoins les fonds non émergents, en général, ont un grand désavantage sur les premiers, ce qui

fait que la culture de l'huître ne pourra jamais y
atteindre la même perfection que sur les terrains
émergents, tout en exigeant plus de peine et plus
de frais. En effet, par cela seul que la mer les recouvre toujours, tous les travaux préalables de préparation des fonds, d'aménagement des collecteurs, etc., le dépôt des jeunes huîtres, en un mot
toutes les manipulations doivent se faire sous une
couche d'eau qui en rend l'exécution difficile et
coûteuse, sinon impossible dans certains cas. La
surveillance ne saurait être que peu efficace, et l'ostréiculteur sera à peu près forcé d'abandonner ses
élèves à eux-mêmes, faute de pouvoir au besoin les
trier, les déplacer, les répartir également, etc. Ce
n'est qu'au moment de la pêche qu'il pourra se
rendre un compte exact de la réussite ou de l'insuccès de son élevage et de la richesse de sa récolte.
Aussi sur les fonds de ce genre, bien que leur repeuplement soit une mesure utile et recommandable
à tous les points de vue, mais qui, par l'importance
des travaux et du matériel qu'elle exige, rentre dans
les améliorations dont l'initiative et la réalisation
appartiennent à l'État, mieux vaudra pour le petit
industriel, celui à qui ce livre s'adresse plus spécialement, ne demander à ces fonds que de la semence
(après leur repeuplement opéré ils pourront la fournir en abondance), et il devra faire son élevage dans

des parcs ou viviers, où, maître de l'eau qui les remplit, il pourra aisément suivre ses produits dans les phases successives de leur développement, et leur donner de temps en temps et sans grande peine tous les soins qu'ils peuvent réclamer.

BASSINS ARTIFICIELS.

Claires, viviers, parcs, étalages. — Depuis de longues années, sur les deux rives de l'anse de la Seudre, les éleveurs de Marennes emploient pour l'élevage et le perfectionnement des huîtres des bassins artificiels qu'ils nomment claires, et dont nous allons donner la description, car, recommandés par une expérience séculaire, et sauf les perfectionnements nécessaires que nous indiquerons, ils nous semblent le meilleur modèle à proposer pour la construction de bassins artificiels d'élevage.

Les claires sont des bassins de forme et d'étendue variable, leur superficie est en général de deux cents à trois cents mètres carrés. Situées à une certaine distance de la mer, l'eau qu'elles contiennent étant à un niveau supérieur au niveau moyen des marées ordinaires, ce n'est qu'à l'époque des grandes marées des syzygies, ou grandes malines, à chaque nouvelle et pleine lune, que le flot peut y arriver et leur porter une provision d'eau fraîche. Les meilleures claires sont celles qui *boivent*, c'est le mot consacré, pendant cinq à six jours, c'est-à-dire trois jours avant et trois jours après chaque grande marée. Cette durée du rafraîchissement des claires est celle que l'expérience fait considérer comme la meilleure, et elle détermine la distance maximum et l'altitude au-dessus de la mer auxquelles on peut construire une claire.

Tout autour de la claire règne une levée ou mur de terre, appelée *chantier*, haute et épaisse d'un mètre environ, destinée à contenir les eaux qui remplissent le bassin, et sur laquelle les amareilleurs circulent pour exercer leur surveillance, et se livrer aux pratiques diverses que l'élevage réclame. Une écluse ferme une tranchée pratiquée dans la levée, c'est par là que l'eau de la mer arrive ; une vanne sert à en régler l'entrée, en même temps que la hauteur du niveau intérieur, et permet de vider complétement la claire au besoin. Dans tout le pourtour intérieur du chantier on creuse un fossé continu, destiné à recevoir les vases que la stagnation des eaux sur le plateau central y dépose, car elles ne tarderaient pas à étouffer les huîtres qui le garnissent. Pour faciliter l'écoulement de la vase dans ce fossé, on donne au plateau qu'il circonscrit une légère pente allant du

centre aux bords, de sorte que sa surface est sensiblement convexe. Certains éleveurs se dispensent
néanmoins de creuser le fossé ci-dessus; peut-être
ont-ils tort, car s'il ne prévient pas l'envasement,
du moins il le retarde et en atténue les effets. On ne
peut judicieusement en éviter l'emploi que si, faisant faire à l'eau de mer un long parcours et une
certaine stagnation avant de l'admettre dans la
claire, on l'oblige ainsi à se débarrasser de la plus
grande partie du limon qu'elle charrie.

Pour établir le sol de la claire et le rendre propre
au dépôt des huîtres, on commence par le débarrasser des pierres et des herbes qui le garnissent ; on
lui donne par des terrassements la déclivité nécessaire du centre vers les bords. On creuse le fossé
circulaire, et l'on dresse la levée, puis, lorsque
l'écluse et la vanne sont mises en place, à la première grande marée, on laisse la claire se remplir
d'eau, que l'on retient captive lorsque la marée se
retire. En séjournant sur le sol de la claire, l'eau de
mer le pénètre, le sature de sel, détruit tous les germes nuisibles, l'assimile en un mot à un fond marin ;
puis, quand on suppose que cet effet préalable est
produit, on vide la claire, et l'on *pare* le sol, c'est-
à-dire qu'on l'aplanit, qu'on le pilone de manière
qu'il prenne la consistance compacte et la surface
unie d'une aire à battre le grain. Au bout de deux

mois environ le sol est convenablement préparé, et la claire peut être mise en exploitation.

Jusqu'ici, pour peupler leurs claires, les amareilleurs ont eu recours aux huîtres pêchées directement à la mer, soit sur les bancs voisins, soit sur les côtes de Bretagne, d'où on les expédie par des navires sur lesquels on les charge en vrac. Pour que les produits soient d'une bonne qualité, et que le régime de la claire ait une influence réelle sur les huîtres qu'elle reçoit, celles-ci ne doivent pas avoir plus de douze à dix-huit mois, c'est-à-dire de cinq à sept centimètres de diamètre. L'amareilleur les trie, les nettoie, choisit les mieux conformées, les répand à la pelle sur le sol de sa claire, puis les espace à la main, de manière que rien ne puisse gêner leur développement et la liberté de leurs valves. Il en loge ainsi environ cent cinquante mille par hectare, puis remplissant sa claire, il y maintient une couche d'eau de trente à trente-cinq centimètres. Cette eau ne se renouvelle qu'aux époques des grandes marées des nouvelle et pleine lunes; à ce moment le niveau s'élève nécessairement beaucoup dans les claires, c'est aussi le moment de la surveillance la plus active, car la charge plus forte que les digues supportent peut les fatiguer, y produire des brèches ou des fissures, qu'il faut réparer à l'instant sous peine d'un désastre imminent.

Aux époques des grands écarts de température,
les amareilleurs maintiennent la couche d'eau à un
niveau plus élevé, pour éviter l'action destructive
des gelées pendant les grands froids, et parer à
l'évaporation rapide et à l'échauffement de l'eau
pendant les chaleurs. Néanmoins le mode de construction des claires ne permet pas toujours de prévenir ces deux accidents, d'où résultent quelquefois une effroyable mortalité et la ruine des éleveurs.

De plus, le séjour des eaux dans le même bassin
y laisse nécessairement déposer du limon qui, accru
sans cesse par celui que chaque marée nouvelle
apporte avec le flot, surtout pendant les marées
d'équinoxe, ne tarde pas à mettre les élèves en danger. Pour y porter remède, dans l'impossibilité
d'éviter l'envasement, les éleveurs conservent toujours quelques claires inoccupées, dans lesquelles
ils transbordent les huîtres des claires envasées,
puis ils nettoient celles-ci, et les conservent vides
et propres pour subvenir aux nouveaux déplacements. Mais tous les éleveurs ne se résolvent pas
ainsi à conserver improductive une certaine partie
de leurs champs marins, et alors ils se contentent
de nettoyer sur place les huîtres envasées et de les
replacer sur le même fond toujours souillé de limon ;
il est inutile de faire ressortir le côté défectueux

d'une telle pratique, qui ne peut produire que des résultats inférieurs en qualité et en nombre.

Telle est, en peu de mots, l'industrie des éleveurs de Marennes; c'est celle que nous prendrons, sinon pour modèle, du moins pour guide, car elle présente, avec de notables imperfections, les pratiques les plus rationnelles et les mieux combinées; et si les amareilleurs avaient eu l'idée de demander à leurs claires elles-mêmes les germes nécessaires à leur repeuplement, s'ils construisaient leurs viviers de manière à pouvoir élever le niveau de l'eau qui les remplit jusqu'à un mètre cinquante et deux mètres, à forcer l'eau que la marée apporte à subir une stagnation préalable avant d'entrer dans les claires, afin de n'y introduire que le moins de limon possible, il n'y aurait rien à reprendre à leurs procédés, il suffirait de les copier. Profitons donc de tout ce que leur industrie, telle qu'elle est, nous offre de bon à imiter, empruntons aux claires tout ce qu'elles ont de louable, tout ce dont l'expérience séculaire a prouvé l'efficacité, puis joignons-y les perfectionnements que nous suggèrent les études récentes dont l'industrie huîtrière a été l'objet, et, avec ces éléments réunis, voici d'après quelles règles doivent se guider à l'avenir les éleveurs pour la construction et l'exploitation de leurs claires et de leurs viviers.

On peut établir une claire ou vivier sur tous les terrains dont l'altitude au-dessus du niveau de la mer est telle qu'ils puissent être baignés par la marée, non point tous les jours, ce qui exposerait à un envasement trop fréquent, mais au moins deux fois par mois, et pendant cinq à six jours chaque fois ; et comme on ne saurait se contenter d'une seule claire, pour une exploitation quelque minime qu'elle soit, on doit les établir à la file, parallèlement à la plage, en étageant au besoin sur la pente descendant à la mer deux rangs de bassins ayant leurs niveaux à la même hauteur. Il serait peu prudent, je crois, d'en étager un plus grand nombre, car alors on serait obligé de les disposer en gradins, c'est-à-dire de leur donner un niveau de plus en plus bas, ce qui aurait pour effet que les plus inférieurs boiraient plus fréquemment, seraient même submergés et par suite exposés à un envasement plus fréquent, alors que les supérieurs recevraient à peine d'eau.

Mais dans le cas où l'on construirait néanmoins des claires en gradins échelonnés, soit par suite de l'étendue trop restreinte du terrain, soit pour utiliser des bassins préexistants, on ne devra pas du moins les employer indifféremment pour les huîtres de tous les âges, car les conditions offertes par les claires supérieures seront bien plus favorables aux jeunes huîtres, et ce n'est que lorsqu'elles auront atteint une certaine taille, et par suite une vitalité plus grande, qu'elles pourront s'accommoder du régime des claires inférieures.

Le sol qui constitue le fond des claires demande suivant sa nature diverses préparations. S'il est argileux ou marneux, il suffit, après l'avoir nettoyé, de l'aplanir, en lui donnant au centre plus d'élévation que sur les bords, puis de lui faire subir un pilonage qui le consolide, et enfin de le parer en suivant la méthode des amareilleurs de Marennes décrite plus haut ; c'est-à-dire de remplir la claire, d'y laisser séjourner l'eau de mer pendant un temps suffisant pour que l'imbibition des fonds soit complète, de laisser alors écouler l'eau, puis de piloner derechef la terre pendant son desséchement.

Si le sol est sablonneux, il est important avant tout de le rendre imperméable ; pour que l'eau ne puisse se perdre par infiltration, et aussi pour le consolider. On y arrivera en étendant sur le sable, préalablement aplani, tassé, et recouvert d'une couche de gros graviers ou de fragments de coquilles, une couche d'argile de 30 à 40 centimètres d'épaisseur, que l'on préparera et parera comme ci-dessus. Un lit de béton produirait le même effet, serait plus coûteux, il est vrai, mais plus durable. Un pavage en blocs de grès, de porphyre, etc., analogue à ceux dont on fait usage pour paver

certaines de nos villes, et soigneusement rejoin-
toyé avec de l'argile ou du mortier hydraulique
ferait aussi un fond excellent. Mais les argiles, surtout les argiles ferrugineuses et les marnes bleuâtres,
devront être préférées dans tous les cas où l'on vou-
dra faire contracter aux huîtres cette viridité à
laquelle les huîtres de Marennes doivent leur re-
nommée.

A l'entour du sol ainsi préparé, on élève ensuite
les digues destinées à retenir les eaux; elles devront
avoir au moins deux mètres de saillie verticale au-
dessus du fond, afin de permettre aux éleveurs de
conserver sur leurs huîtres une couche d'eau d'au
moins 1^m50 ou 1^m80, non pendant tout le temps de
l'élevage, pendant lequel il suffira le plus souvent
d'avoir une hauteur d'eau de 0^m35 à 0^m50, mais
aux époques des grands froids, pour prévenir les
effets mortels de la gelée, et pendant les grandes
chaleurs, pour éviter la trop grande salure des eaux
par le fait de l'évaporation et l'élévation de la température. Ces digues, appelées, on le voit, à résister
par instants à une poussée assez considérable, devront être solidement construites, et recouvertes à
l'intérieur, comme le fond, d'une couche d'argile
ou de ciment hydraulique pour éviter les fuites,
toujours funestes dans ces bassins, où l'eau ne se
renouvelle qu'à des époques assez éloignées. Si les

digues en terre peuvent suffire à la rigueur, comme il faut les entretenir, les réparer fréquemment, ce qui ne laisse pas d'être coûteux, il serait, je crois, plus avantageux de les construire de suite en bonne maçonnerie de moellons et de ciment et de leur donner de solides fondations. A la partie supérieure, la largeur de ces digues doit être suffisante pour permettre aux amareilleurs de circuler aisément et sans danger, pour se livrer aux diverses manœuvres d'exploitation et de surveillance.

Si l'altitude du terrain le permet, on peut aussi construire les claires en contre-bas du sol, en creusant une excavation dont il suffirait alors de revêtir les berges d'une couche de moellons cimentés ; ce système permettra du reste d'utiliser les terrains un peu trop élevés pour que les grandes marées puissent y atteindre, et par les deux systèmes réunis on pourra arriver à accoupler trois rangs de claires, et même plus, tous au même niveau. Quant aux frais de construction, ils seront, je crois, à peu près les mêmes pour les deux modes de construction, les terrassements de l'un compensant la maçonnerie de l'autre.

Afin, sinon d'éviter, au moins de retarder l'envasement, conséquence fatale de la stagnation de l'eau dans les claires, on ne donnera accès aux eaux de la mer qui doivent les rafraîchir qu'après leur avoir fait faire un parcours aussi long que possible, ou les avoir aménagées dans un bassin spécial où elles

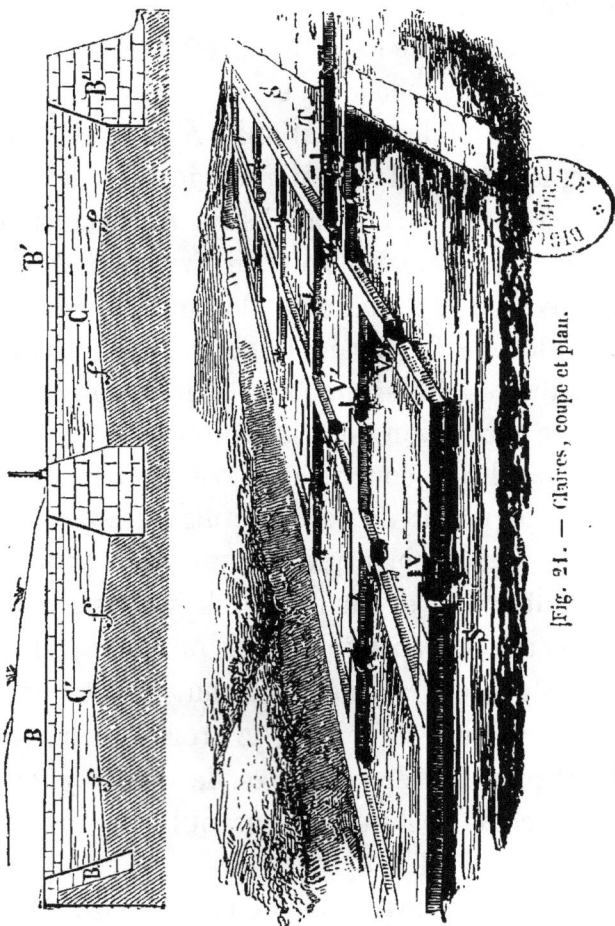

Fig. 21. — Claires, coupe et plan.

déposent la majeure partie du limon qu'elles entraînent ; alors seulement elles pénètreront dans les claires. Ces bassins eux-mêmes, du reste, pourront ne pas rester incultes et improductifs, en les munissant eux aussi de vannes et d'écluses ils pourront servir à l'élevage des moules et d'autres espèces marines.

Voici ci-contre (*fig.* 24) une vue panoramique, en coupe et en plan, de deux claires avec leur bassin de purification et d'alimentation, qui, avec la légende explicative qui suit, développera suffisamment tous les détails qui précèdent.

CC', deux claires vues en coupe, l'une creusée en contre-bas du sol, l'autre au même niveau et supérieure. Les parois ou berges BB de la première sont formées par un simple revêtement de moellons cimentés ; les parois B'B' de la seconde sont formées de murs épais, hauts de 2 mètres au-dessus du sol de la claire, épais au niveau supérieur de 0^{m}75 à 0^{m}80, avec un fruit sur les deux faces de 0^{m}30.

ff, fond de chaque claire, plus élevé au centre que sur les bords d'environ 0^{m}30.

VV, écluses et vannes donnant accès à l'eau de mer.

V', écluse et vanne de communication entre deux claires, permettant au besoin de ne faire arriver l'eau dans une des claires qu'après passage et stagnation dans l'autre, et d'établir l'égalité de niveau.

8

S, bassin d'aménagement des eaux de mer, qui y
pénètrent par la vanne V''; les eaux y déposent leur
limon avant de pénétrer dans les claires; il peut
aussi servir de réservoir d'eau pour, au besoin,
élever le niveau d'eau des claires dans les intervalles
des marées. Dans ce cas, il doit être construit comme
les claires, afin de retenir les eaux qu'on y emmaga-
sine. Sinon, de simples levées en terre peuvent
suffire pour l'établir. En tous cas, on doit propor-
tionner sa capacité à celle des claires qu'il doit
alimenter.

TT', canal d'arrivée des eaux de mer; à l'aide des
deux vannes dont il est muni on peut faire entrer
directement les eaux dans les claires, sans les faire
séjourner dans le bassin de stagnation; dans le
cas, par exemple, où, celui-ci étant utilisé pour
l'élevage des moules, comme on le verra plus loin,
on craindrait de faire entrer dans les claires le frai
que les moules laissent échapper en abondance au
moment de leur reproduction.

CHAPITRE IV

Procédés d'exploitation des claires

Maintenant que l'on connaît suffisamment, je l'espère du moins, tout ce qui est relatif aux appareils collecteurs de la semence, à la construction et à l'aménagement des bassins d'élevage, il ne nous reste plus que quelques mots à dire sur la manière de procéder pour commencer et continuer avec fruit une exploitation fondée sur l'élevage artificiel des huîtres.

On commence d'abord par la construction des bassins d'élevage, auxquels, pour plus de concision, nous conserverons le nom de claires, en prenant pour base de l'étendue à leur donner la proportion de 1,000,000 d'huîtres à l'hectare, ou de 100 par mètre carré; proportion que, si l'on veut faire simplement de l'élevage, on peut porter à 5 ou 600 par mètre carré, soit 5 ou 6 millions à l'hectare, ce qui est la proportion des parcs de l'île de Ré.

Pendant leur construction, et pour pouvoir les

peupler dès leur achèvement, on se procure de
la semence, à l'aide des appareils collecteurs déjà
décrits, et en donnant la préférence à ceux qui ré-
pondent le mieux aux conditions diverses d'éloignement, de transport, etc., que présentent les lieux
auxquels on l'emprunte. Comme il faut au moins
six mois avant que les huîtres qui garnissent les
collecteurs puissent sans trop de désavantage subir
le transport et l'aménagement dans les claires, on
voit que les deux opérations, construction des claires
et récolte du naissain peuvent se faire simultanément; c'est donc en juin pour l'Océan, et un peu
plus tôt pour la Méditerranée, que les travaux doivent être entrepris.

Lorsque, les claires étant terminées, et contenant
une couche d'eau de mer pure et récente, les collecteurs chargés de naissain arrivent sur le lieu de
l'élevage, on distribue les huîtres sur le fond des
claires, à la pelle et aussi également que possible,
puis on les espace à la main, afin qu'elles ne soient
pas entassées en certains endroits, tandis que d'autres en seraient complétement dépourvus. Comme
les huîtres ne sauraient rester dans le même bassin
pendant tout le temps de l'élevage, et comme les
huîtres détachées des collecteurs sont de très-petites
dimensions, on peut sans inconvénient les aména-
ger dans le même bassin au nombre de 300 à 400

par mètre carré, quitte à les espacer davantage par
la suite à mesure de leur croissance. On doit autant
que possible effectuer ce travail en choisissant son
temps de façon que l'époque d'une grande marée
coïncide avec sa terminaison, afin que les jeunes
huîtres, ainsi transplantées sur un terrain et dans
une eau étrangère, soient promptement rafraîchies
par les flots de la mer, et recouvertes d'une couche
d'eau suffisante pour leur éviter tout brusque chan-
gement de température. Pendant toute la première
année, il sera bon que le niveau des eaux qui recouvrent les huîtres ne descende jamais au-dessous de
un mètre environ, et alors aussi une rigoureuse surveillance sera nécessaire, pour maintenir les digues
en bon état, réparer les fissures, remédier à l'envasement, et, s'il se produit, changer les huîtres de
claire sans tarder. Plus tard, à mesure que les élèves
acquerront une plus grande taille, et par suite une
plus grande force de résistance aux agents extérieurs, on pourra, sans la cesser complétement,
relâcher un peu cette surveillance, et abaisser le
niveau de l'eau à 0^{m}50 ou 0^{m}30, mais en ayant toujours soin de le faire remonter à 1^{m}50 et 2 mètres
aux époques des grandes chaleurs et des grands
froids. Ceci suffit pour faire comprendre avec quelle
prudence il faut procéder à l'abaissement du niveau
dans des bassins où il n'est possible de le faire re-

8.

monter au maximum utile qu'à des intervalles assez
éloignés (8 à 10 jours en général) pendant lesquels,
au printemps et en automne, peuvent se produire
de brusques et considérables variations de température, à l'influence funeste desquelles les huîtres se
trouveraient exposées sans remède possible.

Pour les jeunes huîtres, et surtout pendant la
première année de l'élevage, l'ennemi le plus redoutable est l'envasement. Nous avons déjà parlé du
transbordement des huîtres de la claire envasée
dans une autre conservée pure et vide à cet effet;
mais cette mesure, excellente pour les huîtres d'un
certain âge, ne laisse pas que de présenter un certain danger pour les très-jeunes individus, et de
plus, à certains moments de l'année, les intempé-
ries peuvent la rendre impraticable. Je conseillerai
donc aux éleveurs de faire usage, pour les élèves de
première année, de cadres en fer galvanisé de deux
mètres carrés de superficie, garnis d'un treillage en
fil de fer galvanisé ou de zinc, à mailles assez petites
pour que les jeunes huîtres ne puissent passer au travers; ces châssis seront portés comme des tables sur
4 ou 8 pieds de 0^m20 ou 0^m30 de haut, de sorte que,
rangés côte à côte et par files au fond de la claire,
ils formeront un double fond laissant entre eux et
le sol un espace suffisant pour que l'accumulation
des vases ne puisse atteindre les huîtres rangées sur

le treillage, où elles pourront séjourner alors pendant tout un an sans dérangement nécessaire. Passé ce temps on pourra sans crainte les reporter sur le fond naturel d'une autre claire, elles auront acquis assez de vitalité pour supporter sans risque les manipulations nécessaires.

En somme, comme il faut de quatre à cinq ans pour que les huîtres élevées dans les claires deviennent marchandes, il faut compter cinq claires pour l'élevage d'une génération et pouvoir établir un roulement qui rende la production continue. Une claire sur cinq, par conséquent doit être munie des tables à treillage ci-dessus. La dépense nécessaire à leur construction et à leur entretien sera bien compensée, du reste, par la diminution des frais de main-d'œuvre, de surveillance et par le plus grand nombre des produits. Leur emploi sera surtout presque indispensable pour les bassins construits sur les côtes de la Méditerranée qui, presque constamment en communication avec la mer, et ne pouvant être vidés et nettoyés à volonté qu'avec de coûteux travaux d'épuisement, sont plus que tous autres sujets à s'envaser.

Pendant les trois ou quatre premières années d'une exploitation commençante, on devra, pour se procurer le naissain nécessaire au repeuplement des claires laissées libres par la génération précédente, avoir recours, comme la première fois, aux appareils collecteurs mobiles, et aller le demander au loin aux gisements naturels ; mais dès qu'une génération d'huîtres sera devenue adulte, par conséquent propre à la reproduction, les claires elles-mêmes seront chargées de fournir le naissain de repeuplement. Pour cela, un mois environ avant l'époque du frai, on disposera sur les claires contenant les huîtres adultes, et dont on aura constaté l'état laiteux, des appareils collecteurs, que l'éleveur choisira à sa convenance, suivant ses moyens et les ressources de la contrée qu'il exploite. Les collecteurs se chargeront de semence, tout comme à la mer sur les gisements naturels, de sorte que, avant de quitter la claire pour être livrées à la consommation, les huîtres y laisseront une nombreuse progéniture destinée à les remplacer, et comme les germes produits seront en nombre immensément plus considérable que les huîtres qui leur auront donné naissance, si l'éleveur ne tient pas à étendre son industrie et à augmenter le nombre de ses claires, il lui suffira de placer ses collecteurs sur quelques-unes seulement des claires contenant des huîtres adultes, de sorte qu'il pourra toujours suffire aux demandes du commerce pendant les cinq ou six mois que demande l'opération du chargement des collecteurs.

Quant à l'efficacité de ce procédé, l'expérience est là pour en répondre. Bien des fois, malgré les conditions défectueuses de leurs claires, les éleveurs de Marennes ont été témoins du repeuplement inattendu de bassins, dépeuplés par une mortalité générale, par la seule présence de quelques huîtres qui avaient survécu au désastre, et dont le frai s'était développé sur les écailles des huîtres mortes, écailles qui avaient ici joué le rôle de collecteurs, et dont la seule présence avait suffi pour retenir les germes, qu'en toute autre circonstance la première marée eût entraînés. Il est fort à regretter que des faits pareils n'aient point frappé les amareilleurs, en les éclairant sur le parti avantageux qu'ils pouvaient tirer de leurs claires, en en faisant à la fois des bassins de production, de multiplication et de perfectionnement.

Aujourd'hui, grâce aux lumières toutes nouvelles dont M. Coste est venu éclairer cette question, l'industrie huîtrière peut sortir de l'ornière où la routine et l'indifférence l'ont maintenue jusqu'ici, et elle est appelée à répandre sur notre littoral, que la misère et le dépeuplement menacent, avec l'aisance qui ne peut tarder à être la conséquence d'une industrie éminemment rémunératrice, une source permanente de travail, qui attirera sur nos côtes des bras nombreux et robustes, espoir futur de notre marine commerciale et militaire.

Quelques chiffres, choisis, non pas au hasard, mais ramenés exprès au minimum possible, suffiront pour prouver à nos lecteurs que nous n'exagérons pas en qualifiant la nouvelle industrie d'éminemment rémunératrice, surtout si l'on songe que les terrains sur lesquels elle doit s'étendre sont à peu près sans valeur, et impropres à toute espèce de culture.

Le prix du cent d'huîtres de Marennes varie de 1 fr. 50 à 6 fr. Adoptons le prix de 3 fr., prix inférieur à la moyenne. Sur un mètre carré de surface de claire, on peut élever de 60 à 80 huîtres, prenons le nombre minimum 50, cela nous donnera sur un hectare de superficie le nombre de 500,000 huîtres qui, au bout de cinq ans, temps moyen de l'élevage, vaudront, à 3 fr. le cent, une somme de 15,000 fr., ce qui, pour un an, porte le revenu brut de l'hectare de terre à 3,000 fr. [1] Admettons maintenant, ce qui est évidemment exagéré, que les frais de main-d'œuvre, de réparations, de surveillance, etc., absorbent les 3/5 de ce revenu, le revenu net sera de 1,200 fr., portant à 24,000 fr. la valeur de l'hectare de claire. Or, ces calculs sont basés, on a pu le reconnaître, sur des nombres moyens la plupart

1. A l'île de Ré, en 1863 un nommé Moreau de la Flotte a vendu 1,300 fr. la première récolte de son parc, qui n'a que 500 mètres carrés, ce qui porte à 26,000 le revenu de l'hectare.

exagérés dans le sens défavorable. On voit donc
qu'en cinq ans, à l'aide de travaux dont le prix lui
sera toujours inférieur, on aura constitué, sur des
terrains improductifs et de nulle valeur, une propriété foncière d'une valeur de 24,000 fr. l'hectare.
Je crois pouvoir dire, sans craindre d'être taxé d'exa-
gération, qu'il est peu ou point d'exploitation rurale
qui, en si peu de temps, donne un pareil résultat.

Quant à l'abaissement du prix des huîtres que
l'on pourrait redouter comme conséquence de la
production plus considérable de ce mollusque, il
n'est plus à craindre aujourd'hui[1]. Grâce à la vapeur,
l'huître peut franchir nos continents sans cesser de
vivre. Nos côtes sont appelées à subvenir aux demandes, non-seulement de toute la France, mais
encore de l'étranger. Les demandes depuis bien
longtemps dépassent de beaucoup ce que le commerce peut fournir, et nous sommes encore trop
loin du moment où il y aura équilibre entre la production et la consommation pour que l'éleveur
puisse le comprendre dans le bilan de ses mau-
vaises chances.

1. A l'île de Ré les premières ventes se firent au prix de 15 à
20 fr. le mille, celles d'aujourd'hui se font à 30 à 35 fr.

CHAPITRE V

Culture des moules

En traitant, dans les chapitres précédents, de l'élevage des huîtres, nous avons dit que les seuls fonds sur lesquels on ne pouvait l'entreprendre avec quelques chances de succès étaient ceux dont la vase a fait son domaine, de telle façon que l'on ne saurait en espérer l'écoulement. Ces fonds, très-nombreux sur nos côtes, dans les anses et les petites baies qui se forment à l'embouchure de quelques rivières, et où l'envasement est entretenu à la fois par l'apport de la mer et des eaux douces terrestres, peuvent cependant ne pas rester improductifs. Impropres à l'élevage des huîtres, ils sont très-propices à celui des moules, qui, à l'aide de quelques procédés simples et peu coûteux, y acquièrent une taille et une qualité bien supérieures à celles de la moule de mer.

Pour cet élevage, comme pour celui des huîtres dans les claires, nous avons comme garantie expérimentale l'industrie des *boucholeurs* de l'anse de l'Aiguillon, industrie qui remonte au xiiie siècle, époque où l'Irlandais Walton vint échouer contre la pointe des rochers de l'Escale, près le port d'Esnandes, et devint le fondateur du premier *bouchot*.

Jeté par la tempête sur une côte inculte, au milieu d'une population rare et indigente, sans espoir de revoir la mère patrie, Walton chercha d'abord ses moyens d'existence dans la chasse aux oiseaux marins. La baie, ou plutôt l'anse de l'Aiguillon, n'est qu'une immense vasière, un vaste lac de boue sans fond, où, à mer basse, on ne saurait s'aventurer sans danger ; ce fut pourtant de cette fondrière que Walton fit son domaine. Pour y circuler en tous sens sans danger, il construisit une sorte de pirogue ou de caisse en bois de huit à neuf pieds de long, recourbée en proue à une extrémité, rectangulaire à l'autre et plate par-dessous. C'est l'*acon*, dont se servent encore de nos jours les boucholeurs (*fig.* 22) successeurs et imitateurs de Walton. Pour se servir de l'acon, et se porter à volonté dans tous les sens, le boucholeur met un genou dans cette caisse, en se plaçant vers le tiers postérieur ; il s'appuie des deux mains sur les bords, puis, l'autre jambe restant pendante au-dehors et chaussée d'une forte et longue botte, il l'enfonce dans la vase, la retire, l'enfonce encore et donne ainsi chaque fois

9

une impulsion qui fait glisser la caisse à la surface,

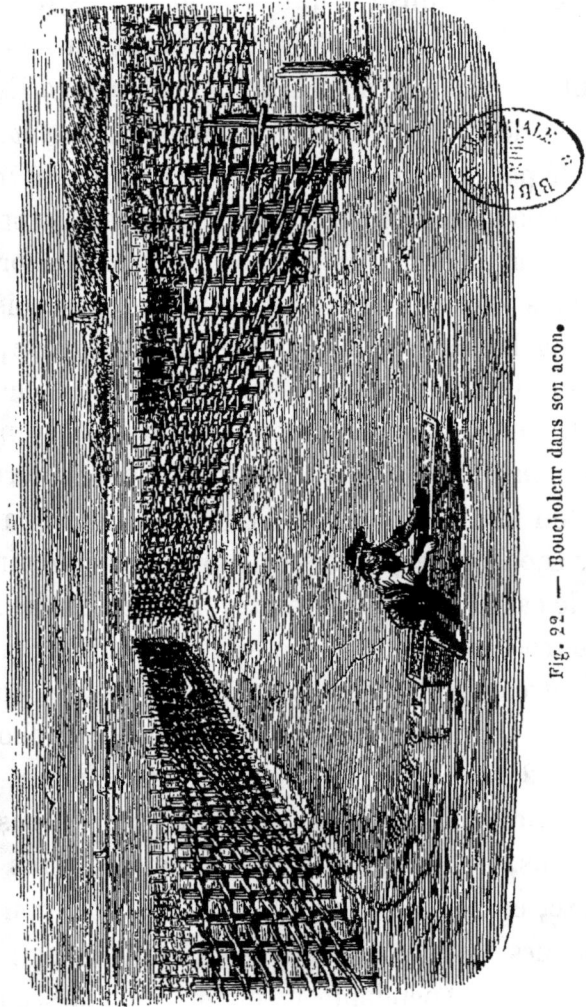

Fig. 22. — Boucholeur dans son acon.

et le transporte assez rapidement partout où il a affaire. Dans la partie vide de la caisse, il dépose ses outils, sa récolte, les matériaux nécessaires, etc., et les transporte avec lui sans grande fatigue.

Muni de cet ingénieux appareil de locomotion, Walton planta dans la vasière des pieux, à l'aide desquels il tendit de vastes filets (le filet de nuit dit *allouret*, dont on lui doit aussi l'importation), dans les mailles desquels venaient se prendre les oiseaux aquatiques qui, rasant la vasière, en croisaient la direction. Mais Walton ne fut pas long-temps sans remarquer que les pieux qui soutenaient son filet se couvraient, dans la partie un peu au-dessus de la vase et que l'eau recouvrait à chaque marée, de nombreuses moules, lesquelles atteignaient rapidement une taille supérieure aux moules qui naissaient dans la vase à quelques pas de là, et avaient une saveur et une finesse de chair bien préférables. Ce fut pour Walton une révélation. De là à l'établissement du premier des cinq cents bouchots dont les revenus ont apporté l'aisance et le bien-être dans ces contrées deshéritées, il n'y avait plus qu'un pas, et c'est le bouchot de Walton, — car tel il le construisit, tels on les fait encore de nos jours, — que nous prendrons pour guide et pour modèle dans l'étude qui fait l'objet de ce chapitre.

Si, comme à l'anse de l'Aiguillon, l'exploitation des moules se fait sur un fond émergent appartenant au domaine de la mer, pour donner aux appa-

reils d'élevage une solidité qui leur permette de
résister aux chocs des lames, des barques et aux
coups de vent, la disposition adoptée par Walton et
ses successeurs est la meilleure; c'est celle d'un **V**
dont la pointe est tournée vers la mer, et dont
chaque branche est formée d'une file de pieux en-
trelacés d'un clayonnage en branches flexibles,
en fortes baguettes d'osier ou de châtaignier, par
exemple. Les pieux sont des troncs d'arbres non
équarris de 4 à 5 mètres de haut et de $0^m,30$ de
diamètre, enfoncés dans la vase de la moitié de leur
longueur, et espacés de $0^m,50$ à $0^m,60$ les uns des
autres; l'ensemble de la palissade s'élève donc de
2 mètres à $2^m,50$ au-dessus du sol. Les branches
qui forment le clayonnage, et que l'on choisit aussi
longues que possible, sont clissées sur ces pieux
comme les osiers d'un panier en vannerie. Ce clayonnage garnit les pieux sans intervalles depuis leur
sommet jusqu'à environ 15 ou 20 centimètres du
fond, de manière à permettre toujours, pendant le
flux et le reflux, la libre circulation de l'eau en tous
sens, et éviter ainsi que la vase forme des atterrissements à la base des pieux. Les points de contact
des pieux et des branches qui forment le clayonnage constituant en définitive l'unique soutien
de celui-ci, sa solidité et l'impossibilité pour lui
de glisser le long de ces pieux dépendent uni-

quement de l'espacement plus ou moins grand qu'on leur donne : il faut donc les resserrer autant que possible. Cependant on ne saurait les rapprocher au delà d'une certaine limite, car on s'exposerait alors, en opposant de trop nombreux obstacles à l'écoulement des vases, à provoquer des atterrissements qui, par leur exhaussement rapide, ne tarderaient pas à compromettre gravement la navigation et les appareils eux-mêmes.

La distance moyenne de $0^m,50$ à $0^m,60$ est la meilleure. La longueur des palissades, c'est-à-dire le développement des branches de chaque V, peut, suivant les circonstances, varier à volonté. Dans les bouchots de l'anse de l'Aiguillon, elle est en moyenne de 200 à 250 mètres ; mais cette longueur, parfaitement rationnelle vu le développement de la surface sur laquelle les bouchots se distribuent, doit se régler au minimum de manière que chaque V occupe en longueur environ le quart de la distance mesurée entre les points limites de la haute et de la basse mer. Dans tous les terrains émergents, les parties les plus avancées vers la mer découvrent bien moins souvent que celles qui touchent à la plage ; de plus, tandis que celles-ci ne se recouvrent chaque jour que d'une couche de quelques centimètres d'eau et restent à sec pendant de longues heures, les premières sont recou-

vertes de plusieurs mètres d'eau et ne restent à sec
que quelques instants. De là des conditions d'existence diverses pour les animaux qui habitent ces
différentes zones, de là aussi la nécessité de construire les bouchots en les étageant sur la pente du
terrain, formant ainsi des gradins que la marée
visite de moins en moins à mesure qu'ils se rap-
prochent de la plage. Les boucholeurs d'Aiguillon
nomment bouchots du *bas* ou d'*aval* ceux qui,
occupant le rang le plus bas, ne découvrent qu'aux
grandes marées; bouchots *bâtards* ou bouchots
milloin, ceux qui occupent les deux rangs au-
dessus, et bouchots d'*amont*, ceux qui sont les plus
élevés, et par suite découvrent le plus fréquemment.

Les bouchots d'aval, les plus éloignés du rivage,
ne découvrent guère qu'aux grandes marées des
syzygies; ils ne sont d'habitude formés que de
pieux isolés (*fig.* 23) et sans clayonnage aucun;
aussi les pieux peuvent être un peu plus rapprochés que dans les bouchots palissadés; ils sont
destinés à servir uniquement de collecteurs de semence. En effet, dans la zone où ils sont plantés,
ils arrêtent, au moment du frai, le naissain que le
reflux entraîne, et lui offrent, grâce à leur immer-
sion presque continuelle, un abri plus efficace et
mieux approprié à sa délicatesse, laquelle ne lui

permettrait pas de supporter impunément le séjour
des autres bouchots, où il serait fréquemment mis
à sec. C'est donc sur les pieux des bouchots d'aval
que les boucholeurs vont recueillir la semence nécessaire pour peupler en premier lieu les bouchots
bâtards. Pour cela, vers le mois de juillet environ,

Fig. 23. — Bouchots d'aval.

le naissain, qui a pris naissance en février et mars,
offrant alors le volume d'un haricot, les boucholeurs, à la première grande marée, vont le détacher,
à l'aide d'un instrument en forme de crochet,
des pieux qu'il recouvre. Il s'enlève par plaques de
moules agglomérées; ces plaques sont recueillies

dans des paniers, et transportées dans les acons
au pied des bouchots bâtards, dont on commence
alors la bâtisse. Les paquets de moules, formant
des espèces de grappes par l'enchevêtrement de
leur byssus, sont enfermés un à un dans une bourse
en vieux filet, et attachés dans les interstices des
clayonnages; en les répartissant également en tous
sens et les espaçant de façon que rien ne puisse
gêner leur développement ultérieur. Bientôt le filet
qui renferme les moules se pourrit et disparaît,
mais il est devenu inutile, les moules s'étant d'elles-
mêmes solidement fixées aux branches des clayonnages à l'aide de leur byssus; et leur ensemble conti-
nuant à croître rapidement et sans arrêt recouvre
bientôt toute la palissade d'une couche serrée
(*fig.* 24), sur laquelle on trouverait avec peine
un intervalle vide. Lorsqu'enfin cet accroissement
menace de gêner leur développement ultérieur,
comme à ce moment les moules ont acquis une
vitalité beaucoup plus grande et ne redoutent plus
autant le contact fréquent de l'air, on les détache
des bouchots bâtards pour les transplanter ou re-
piquer sur les bouchots milloin, en les y fixant de
même avec des bourses de vieux filet, ou simplement en plaçant les grappes à cheval sur les branchages des claies. Là elles séjournent jusqu'à ce
qu'elles aient atteint la taille marchande, ce qui

arrive environ après un an de séjour sur ces bouchots. C'est alors que, les moules étant devenues
assez fortes pour qu'on ne craigne plus de les laisser
exposées à l'air pendant plusieurs heures chaque
jour, on les transporte sur les bouchots d'amont,
pour faire place à la génération suivante et les avoir
sous la main pour les besoins de la consommation.

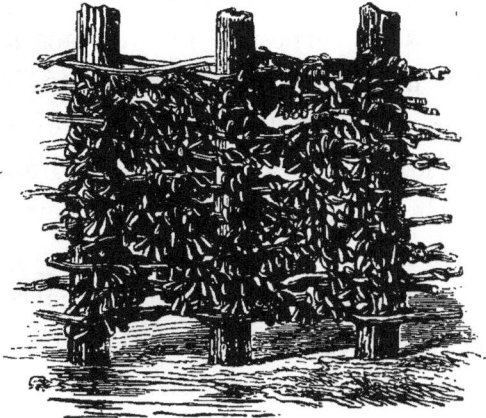

Fig. 24. — Moules des bouchots bâtards.

Grâce à ce système, la reproduction, l'élevage, la
récolte et la vente se font simultanément et sans
intermittence. Cependant c'est de juillet en janvier
que les transactions sont dans toute leur force et
que le coquillage est le plus estimé. Car en février
commence pour les moules l'époque du frai, après
lequel elles sont maigres, dures et peu recherchées.
On préfère aussi, pour leurs qualités bien supé-

9.

rieures, les moules qui dans l'élevage ont occupé les rangs supérieurs des claies, tandis que celles qui ont vécu dans le voisinage immédiat de la vase ont une saveur moins délicate, ce qui n'empêche pas ces dernières de l'emporter encore de beaucoup sur les moules de la mer.

Telle est en peu de mots l'industrie fondée par Walton sur les vasières de l'anse de l'Aiguillon, industrie qui s'est perpétuée jusqu'à nos jours en s'étendant de proche en proche sur toutes les côtes de la baie, sur un développement de 8 kilomètres, formant une longueur totale de 225,000 mètres de clayonnage de 2 mètres de hauteur en moyenne, et apportant l'aisance et le bien-être aux communes environnantes, celles d'Esnandes, de Charron et de Marsilly. D'après M. D'Orbigny père (*Les habitants des communes de l'anse de l'Aiguillon*, etc., La Rochelle, 1835), chaque bouchot coûte en frais de construction 2,049 francs; il exige annuellement, en frais d'exploitation, de main-d'œuvre, d'entretien et de surveillance, 1,136 francs, et produit chaque année, par la vente des moules, 1,500 francs; le bénéfice net est donc de 364 francs, revenu qui, si l'on ne songe pas à l'amortissement du capital primitif de fondation, est produit par un capital annuel de 3,185 francs, dont l'intérêt légal à 5 pour 100 ne serait que de 159 francs. Il est, on l'avouera, peu de cultures dont le rapport puisse, comme pour celle-ci, être évalué à 11,50 pour 100.

Les méthodes inventées par Walton et imitées par ses successeurs sont si simples, si rationnelles, et si bien appropriées à la nature des fonds exploités, qu'on ne saurait guère y trouver rien à reprendre ou à perfectionner ; tous les détenteurs de terrains vaseux émergents pourront donc, en imitant scrupuleusement ces pratiques, arriver aux mêmes résultats ; il ne nous reste plus rien à leur enseigner qui ne se trouve implicitement dans la description précédente.

Mais les terrains vaseux émergents ne sont pas les seuls sur lesquels l'élevage des moules puisse se faire avec succès ; en général, on doit le tenter sur tous les fonds et dans tous les bassins, soit artificiels, soit naturels, que leur envasement rebelle rend impropres à la culture de l'huître, et il est même non-seulement possible, mais utile de mener de front les deux cultures, surtout si l'exploitation des huîtres se fait dans les claires décrites au chapitre précédent. Ce sera pour les éleveurs un moyen d'utiliser d'une manière fructueuse les bassins de stagnation, dont nous avons recommandé l'emploi, où l'eau de mer se clarifie avant d'être admise dans les claires, et qui, par suite même de leur destination, sont nécessairement vaseux.

Dans ces bassins, et dans tous ceux que l'on creuserait pour l'élevage des moules, les bouchots qu'on y établira ne seront plus, comme dans l'anse de l'Aiguillon, exposés à l'action de la grosse mer et de mille autres circonstances qui exigent d'eux une grande force de résistance ; on pourra donc ne plus les disposer sous la forme du V traditionnel, mais bien en palissades parallèles, dirigées suivant un des axes du bassin, en ménageant le long de leur travers une voie libre pour la circulation des barques d'exploitation. Un vannage adapté au bassin permettrait de régler, suivant les besoins, la hauteur de l'eau, son renouvellement, etc., et de le mettre à sec pour certaines pratiques de l'exploitation.

Par cette culture annexée ainsi à celle des huîtres, les éleveurs couvriraient et au delà les frais toujours assez considérables de creusage et d'entretien d'un bassin de clarification des eaux de la mer, d'un long canal destiné à les amener, etc. ; frais devant lesquels ils pourraient souvent reculer avec raison, bien que je les considère comme indispensables pour un bon élevage. Dans le cas où l'on réunirait ainsi les deux cultures, celle des huîtres dans les claires, celle des moules dans le bassin de clarification et le canal d'amenée, la seule précaution à prendre, pour éviter que l'une ne nuise à

l'autre, serait, à l'époque du frai des moules, d'é-
viter de rafraîchir les claires avec l'eau du bassin de
clarification, laquelle ne manquerait pas d'y introduire une grande abondance de germes étrangers,
qui pourraient envahir les claires et se substituer aux huîtres. On évitera aisément ce fâcheux
résultat en ménageant sur les côtés et en dehors du
bassin de stagnation une prise d'eau communiquant
d'un bout par un vannage au canal d'amenée, avant
son entrée dans le bassin des moules, et de l'autre
avec une claire qui, pendant quelque temps, jouera
le rôle de bassin de stagnation. (Voir, *fig.* 21,
page 132, la légende explicative.)

Dans la figure 21 précitée, le bassin de stagnation environne l'ensemble des claires, et chacune
communique avec lui par une écluse et une vanne;
si dans ce bassin on veut élever des moules, on établit à l'aide de deux écluses une communication
facultative, soit du canal d'amenée avec la claire,
soit de ce canal avec le bassin de stagnation. De
sorte que, les deux écluses fermées, la claire devient
bassin de stagnation à son tour, et le frai des moules
ne risque point d'envahir les bassins réservés aux
huîtres.

Ce canal, du reste, ne servirait que pendant la
période du frai des moules, c'est-à-dire de la fin de
février à la fin d'avril, soit pendant deux mois et

demi au plus, pour redevenir inutile pendant tout
le reste de l'année ; et c'est pendant cette période,
où en France la saison est plus spécialement
fraîche et pluvieuse, que les claires, rafraîchies
fréquemment par les eaux des pluies, éprouvent,
moins qu'à tout autre moment de l'année, le besoin
d'un renouvellement d'eau. Enfin si l'on redoute
que l'usage trop fréquent du canal supplémentaire
n'amène l'envasement des claires, on pourra en
limiter l'emploi au seul cas de nécessité absolue.

Le clayonnage en branchages de bois divers,
osier, châtaignier, etc., est excellent en général, et
le prix de revient en est relativement peu élevé ; il
peut néanmoins se faire que la rareté ou l'éloignement de la matière première, ou encore la présence
dans les parages exploités d'animaux xylophages,
en fassent redouter l'emploi ; en ce cas on pourrait
le remplacer par des cadres en fer galvanisé, garnis
d'un treillage en fil de fer ou de zinc à mailles
grossières et plus ou moins serrées suivant l'âge
et la taille des moules que l'on doit y déposer. Pour
fixer ces cadres, ou bien on les attachera à deux
poteaux fichés dans le sol à une profondeur suffisante, et distants l'un de l'autre de la largeur d'un
cadre, ou bien encore, et mieux, ils seront im-
mergés complétement au-dessous de la surface de
l'eau, et s'y tiendront verticalement suspendus à

des flotteurs, ou par des câbles ou chaînes tendus d'un bord à l'autre du bassin, et que l'on pourrait, à l'aide de cabestans, tendre ou relâcher à volonté, de manière à remonter ou abaisser les cadres suivant les variations de niveau de l'eau et pour les pratiques de l'exploitation. Ce système, en effet, présenterait le grand avantage de laisser effectuer toutes les manipulations de l'élevage, le bâtissage des bouchots, repiquage et cueillette des moules sans qu'il soit nécessaire de mettre le bassin à sec. Pour toutes ces manœuvres, les cadres, soulevés en partie hors de l'eau par la tension des câbles, seraient relevés sur le bord d'un bateau portant les ouvriers, et, une fois garnis de moules ou dépouillés de leur récolte, ils seraient replacés dans l'eau sans difficultés et sans dérangement aucun des appareils voisins. Enfin, de plus, la mobilité et l'indépendance de chaque cadre faciliterait considérablement au besoin les déplacements, les nettoyages et les réparations nécessaires.

Il est inutile de faire remarquer que ce système s'appliquerait également à des cadres mobiles en bois, garnis de claies en branchages. Il faudrait seulement lester ceux-ci à l'aide de grosses pierres attachées à la traverse inférieure pour les maintenir plongés verticalement sous l'eau.

Les principes fondamentaux de ce genre de culture une fois bien compris, — et les descriptions précédentes auront, nous l'espérons du moins, suffi pour cela, — rien ne sera plus aisé que de modifier les appareils quant à leurs formes, leurs dispositions ou la matière dont ils seront faits, suivant les mille conditions différentes de chaque exploitation. Mais ici l'industriel sera livré à son initiative personnelle, et il aura pour guide l'expérience qu'il ne manquera pas d'acquérir au bout de quelques années d'exploitation ; elle lui sera d'un bien plus grand secours que la surabondance de détails dont nous pourrions encore remplir ce chapitre. Nous n'ajouterons donc plus que quelques mots sur les divers moyens de se procurer d'abord une première fois, puis de renouveler tous les ans la semence nécessaire pour le repeuplement des bassins, au fur et à mesure que la consommation y occasionnera des vides.

Pour ensemencer une première fois un bassin, on devra demander à la mer les germes dont on a besoin, et l'appareil collecteur le plus simple sera le bouchot d'aval de Walton. On plantera des pieux, vers l'époque du frai, dans les parages où l'on aura reconnu la présence des moules. Or il n'y a guère de côtes en France où ce mollusque ne se rencontre en quantité suffisante. Puis, au bout de quelques mois, on enlèvera les pieux, et les grappes des jeunes moules dont ils seront garnis serviront au premier bâtissage des bouchots. Si sur la côte exploitée, les moules sont trop rares pour qu'on puisse espérer que les pieux se couvrent d'une suffisante quantité de naissain, on peut encore former avec des pieux plantés en cercle, distants l'un de l'autre seulement de 10 à 15 centimètres, une enceinte dans les fonds qui ne découvrent que rarement, deux fois par mois, par exemple, aux époques des marées des syzygies, puis suspendre à ces pieux, à une petite distance du fond et à l'aide d'une bourse en filet, des grappes de moules adultes recueillies à la mer et pêchées un peu avant l'époque du frai. Ces moules, ainsi emprisonnées dans la cage formée par les pieux, frayeront aussi abondamment et dans de meilleures conditions que si on les eût laissées en pleine mer, et leur frai, rencontrant les pieux, qui empêcheront sa dissémination dans les flots, se fixera sur eux et les recouvrira d'une nombreuse progéniture, que l'on transportera ensuite sur les bouchots dès qu'elle aura atteint une taille suffisante.

Le bassin d'exploitation une fois ensemencé, dès l'année suivante déjà on peut le charger de subvenir à son propre repeuplement, et avec d'autant plus de facilité et d'abondance que tout le frai auquel les moules qui le peuplent donneront naissance y séjourne forcément ; puisque, si on utilise pour cette industrie un bassin de stagnation pour l'alimentation des claires, pendant tout le temps du frai on intercepte la communication entre celles-ci et ce bassin. Des pieux plantés çà et là, aux époques du frai, suffiront pour retenir une suffisante quantité de naissain, et les bouchots ou les cadres qui en ce moment se trouveront inhabités se recouvriront d'eux-mêmes d'une population nouvelle ; car dans ces bassins artificiels l'eau se maintenant toujours à peu près au même niveau, et les bouchots ne découvrant jamais, comme cela se passe à la mer, le frai ne sera pas exposé à périr par suite d'une trop longue exposition à l'air, et il pourra prospérer partout où il aura contracté des adhérences.

On peut aussi faire usage d'un appareil simple et ingénieux à la fois, qui remplit le double office de collecteur et d'appareil d'élevage. Il consiste en un radeau (*fig.* 25) formé de pièces de bois en nombre variable suivant sa grandeur. Dans le sens de sa plus grande longueur et entre les traverses extrêmes sont placées et attachées comme les lames d'une jalousie, soit des planches, soit, et cela vaut mieux, des claies en branchages d'environ 30 à 40 centimètres de largeur. Elles peuvent, soit pivoter sur leur axe de manière à devenir à volonté horizontales, verticales, et avoir l'inclinaison voulue, ou encore se suspendre par un bout au radeau,

comme le montre la figure. En faisant flotter un
radeau de ce genre dans les eaux où les moules

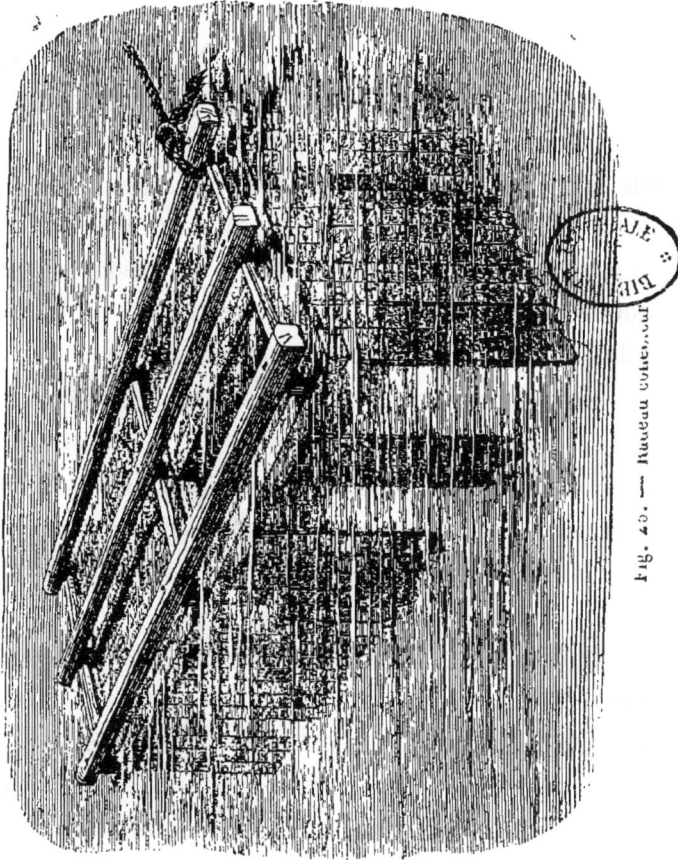

Fig. 49. — Radeau collecteur.

répandent leur frai, les claies étant verticalement
suspendues, les germes s'y attacheront, et l'on
pourra alors, en amenant ces radeaux dans les

bassins d'exploitation, en continuer l'élevage, sans
autre soin que de replacer les claies sur leurs axes,
dans le sens de la longueur du radeau, puis de les
incliner de temps en temps en différents sens, pour
chasser la vase qui pourrait s'y déposer. Le seul
désavantage de ce système, c'est que les claies se
pourrissent assez rapidement par un séjour continu
dans l'eau, et exposent ainsi fréquemment l'industriel, soit à perdre sa récolte, soit à renouveler l'appareil en entier. Et l'on ne pourrait ici remplacer
les claies en branchages par un treillage métallique,
car le frai des mollusques ne se dépose pas volontiers sur les métaux ; or cet appareil est surtout
appelé à remplir l'office de collecteur. Néanmoins,
dans une foule de cas, il peut rendre des services
importants aux éleveurs, lorsque, par exemple,
les nécessités de la navigation ne permettent pas
l'emploi des appareils fixes.

On peut aussi, du reste, l'employer avec succès à l'élevage des huîtres, là où l'on ne pourrait, à cause de la fréquence des envasements, les
déposer sur le fond des claires. On ferait alors flotter
à la surface des radeaux de ce genre, chargés directement de semence à l'époque du frai, et la mobilité
des claies permettrait de soustraire les huîtres au
danger d'un dépôt de vase, et de varier à volonté
les conditions de lumière et de chaleur.

CHAPITRE VI

Élevage des homards, langoustes, etc.

Il nous reste encore, pour achever la tâche que nous avons entreprise, à parler des procédés que l'on peut mettre en œuvre pour la multiplication des crustacés, comme le crabe, le homard, la langouste, etc. Bien que les essais de multiplication et de reproduction artificielle des écrevisses, dans des appareils de pisciculture, aient pleinement réussi, et bien que les œufs d'une écrevisse fécondée déposés sur les claies d'un bassin d'incubation et baignés sans cesse d'une eau pure et courante aient donné naissance à des centaines de petites écrevisses ne demandant qu'à manger et à grandir, nous ne saurions préconiser l'emploi de ces appareils pour les grandes espèces marines, comme la langouste et le homard. Nous l'avons déjà dit, et nous le répétons, en mer ces espèces se reproduisent en quantité bien suffisante pour subvenir toujours à la consommation, surtout maintenant que, par suite des rapports déjà cités de M. Coste sur ces matières, les lois qui réglementent la pêche des crustacés ont été modifiées de manière à faire respecter les femelles au moment réellement opportun, et à empêcher la destruction des individus avant qu'ayant atteint l'âge adulte ils aient pu exercer au moins une fois la fonction de reproduction. Grâce à ces heureuses modifications, et bien que les causes naturelles de destruction, — nous avons vu qu'elles sont nombreuses, — existent toujours, comme elles ont existé de tout temps et n'ont jamais amené par leur fait la disparition des crustacés sur un seul point de nos côtes, il est plus que présumable que la conservation de ces espèces est assurée désormais. Il n'y a donc point lieu, si ce n'est dans un intérêt purement scientifique, d'en tenter la reproduction et la multiplication artificielle, lesquelles, du reste, trouveraient probablement un grand obstacle dans la période d'existence vagabonde et spécialement pélagienne des germes du homard et de la langouste avant leur première transformation.

Mais parmi les homards et les langoustes que les pêcheurs trouvent dans leurs filets, il en est toujours un certain nombre qui, bien qu'ayant la taille réglementaire, ne sont cependant point recherchés des consommateurs, vu leur petitesse relative, de telle sorte que sur plusieurs marchés une douzaine de homards de 0ᵐ,20 de long se vend le même prix qu'un seul homard de 0ᵐ,40, et ce prix est loin d'être rémunérateur. De plus, la pêche, autrefois permise toute l'année, est interdite maintenant pendant les trois mois de mars, avril et mai, époque des naissances, et, si les demandes incessantes de la consommation le permettaient, elle devrait l'être pendant toute la durée des accouplements. Il y a donc deux perfectionnements importants à apporter dans l'exploitation de ces crustacés ; le premier, d'arriver à conserver vivants les homards de trop petite taille pour une vente immédiate, et de les placer dans des conditions où ils puissent achever leur développement, pour ne les livrer au commerce que quand leur taille sera suffisante et leur prix rémunérateur; le second, d'établir des viviers entrepôts où l'on emmagasinerait pendant toute la période de la pêche tous les individus excédant les besoins du moment, pour subvenir ensuite aux demandes de la consommation pendant la durée de l'interdiction de la pêche.

Ces perfectionnements sont réalisables ; et, bien loin d'être incompatibles avec les exploitations dont traitent les précédents chapitres, c'est-à-dire avec l'élevage des huîtres et des moules, ils en forment au contraire une annexe naturelle.

Déjà, antérieurement aux études scientifiques de
M. Coste sur ces matières, un simple pêcheur, le
pilote Guillou, avait essayé et obtenu l'acclimatation des crustacés et des poissons marins dans des
bassins artificiels d'une étendue très-restreinte. Il
avait bientôt reconnu que le régime de la stabulation ne nuisait en rien à ces animaux ; que leur accroissement se faisait dans des conditions normales,
comme en pleine mer ; qu'ils se reproduisaient
comme en liberté, et même, faculté peu importante
pour ce qui nous occupe, mais très-curieuse au point
de vue spéculatif, il remarqua que certaines espèces étaient pour ainsi dire susceptibles de s'appri-
voiser, de reconnaître la main qui les nourris-
sait, de se laisser toucher par elle sans manifester
la moindre frayeur, et même de la frôler amicale-
ment dans leurs évolutions. De ces expériences du
pilote Guillou, faites d'abord par lui dans des viviers restreints, répétées depuis sur une grande
échelle à Concarneau par M. Coste, il résulte que la
vente immédiate des homards, des langoustes et
de certains poissons, le congre, le turbot, etc.,
alors que leur taille est insuffisante pour que le pêcheur puisse en obtenir un prix rémunérateur, est
aujourd'hui un acte de prodigalité blâmable, qui
ne profite à personne, et de mauvaise administration. C'est le cas du laboureur qui faucherait tout

son blé en herbe parce que quelques épis hâtifs sont déjà mûrs.

Il faut donc désormais que les riverains de nos mers construisent des bassins, où ils s'attacheront à réaliser, autant que possible, les conditions de la pleine mer, où l'eau se renouvellera assez fréquemment pour rester toujours pure et fraîche ; qu'après chaque pêche on en trie les produits, faisant une part de tout ce qui peut se vendre tout de suite, à bon prix, et que tout ce qui est d'une taille inférieure à celle que le commerce recherche soit placé dans ces bassins pour y achever son développement, et n'en sortir qu'après avoir atteint une taille avantageuse et pendant les moments de l'interdiction de la pêche, soit par suite des gros temps, soit en observation des règlements spéciaux aux diverses pêches marines.

Ces bassins doivent être construits sur le modèle des claires, sauf que le renouvellement de l'eau par l'apport des marées pourra y être plus fréquent, autant, toutefois, qu'il ne fera courir aucun risque d'envasement trop rapide, bien qu'ici la vase n'ait pas des effets aussi funestes que lorsqu'il s'agit de l'élevage des huîtres. Aussi pourra-t-on approprier à cet usage les bassins de stagnation où l'eau se purifie avant son admission dans les claires, et sans abandonner pour cela la culture des moules dans ces mêmes bassins. On devra seulement ménager

des fonds de profondeurs diverses, variant entre
3 mètres et 0^m,50, construire çà et là des rochers
artificiels en forme de pyramides, formés de fragments de roches irrégulièrement entassés à dessein,
de manière à ménager dans leurs interstices des ca-
vités où une multitude d'espèces viendront chercher un abri ou élire leur domicile à l'abri de la
vase et de la chaleur ou du froid. Les sommets de
ces rochers devront s'élever à une certaine hauteur
au-dessus du niveau maximum de l'eau, pour les
animaux qui, à certains moments, recherchent le
contact de l'air ; on devra aussi établir quelques
bancs de sable presque à fleur d'eau, en un mot
réunir, autant que faire se pourra dans l'étendue
limitée de ces bassins, toutes les conditions diverses
de profondeur, de nature de fond, de lumière, etc.,
que rencontrent en mer les diverses espèces dont
on doit les peupler. Il suffira pour s'en rendre
compte d'observer la nature des localités sous-
marines que chacune d'elles fréquente de préférence.

Mais quelque fréquent que soit le renouvellement
de l'eau et la communication des viviers avec la
mer, on ne peut cependant éviter une certaine
stagnation de l'eau, qui a pour effet d'en diminuer
l'aération et de la charger par contre de gaz méphitiques. Pour prévenir ce résultat, qui serait fatal

en peu de temps aux habitants de ces eaux, il
faut y favoriser, autant que le permettront les nécessités de l'exploitation, la végétation sous-marine,
en transplantant au besoin sur les rochers artificiels et sur les fonds des plantes prises à la mer, et
de préférence celles à coloration verte ou *chloro-
spermées*. Les plantes marines, en effet, agissent
dans l'eau comme les végétaux terrestres dans l'air.
Tandis que les hommes et les animaux travaillent
sans cesse par l'acte respiratoire à transformer
l'oxygène, le gaz vital, en acide carbonique, gaz
asphyxiant, les végétaux terrestres, de leur côté,
absorbent par toutes les parties vertes, et sous l'influence de la lumière, l'acide carbonique produit,
le décomposent, absorbent son carbone, se l'assimi-
lent et exhalent de l'oxygène pur. De même les
végétaux marins absorbent les gaz méphitiques produits par la respiration des animaux aquatiques,
par les fermentations qui se développent lors de la
stagnation des eaux, et, décomposant ces gaz, laissent exhaler de l'oxygène qui, par sa dissolution
dans l'eau, lui rend ses propriétés vitales.

Néanmoins il faudra faire un certain choix parmi
les plantes marines dont on favorisera la croissance,
car quelques-unes se développent avec une telle rapi-
dité et sont si envahissantes qu'elles ne tarderaient
pas à gêner l'exploitation qu'elles ont pour mission

de protéger. Pour prévenir la pousse et l'extension exagérées de celles que l'on aura choisies, on fera bien d'introduire dans les viviers un mollusque à coquille, assez commun sur nos côtes, le *vignot commun ;* faisant sa nourriture exclusive des végétaux marins, il réprimera bientôt leur exubérance.

On peut aussi, et tout cela est si simple qu'il serait superflu de s'étendre davantage sur ce sujet, diviser les bassins en compartiments, pour loger à part les individus d'espèces différentes et en faciliter la capture au moment de la vente. Enfin les claires elles-mêmes, surtout celles qui renferment des huîtres adultes, peuvent simultanément servir de bassin de conservation à plusieurs espèces, crustacés ou autres, en en exceptant celles qui, faisant leur nourriture de mollusques à coquille, comme le crabe, etc., pourraient nuire aux huîtres parquées. Un seul exemple suffira. Le marais de Kermoor, converti par M. de Cressoles en un lac salé de 70 hectares, entouré de riches prés salés formés par les vases provenant du creusage et rejetés sur les berges, renferme en ce moment soixante-dix mille homards et langoustes adultes, qui prospèrent et grossissent à souhait dans ce petit océan en miniature ; plusieurs centaines de turbots que l'on y a joints présagent par leur taille et leur engraissement prématuré un succès complet à cette magnifique expérience.

En un mot, et pour résumer les divers avantages des exploitations ci-dessus décrites, en ce qui regarde les espèces maritimes, le possesseur de claires est dans la même situation que l'agriculteur avec sa ferme, ses étables et ses prairies; il peut, comme lui, reproduire, multiplier, élever, perfectionner, engraisser la grande majorité des espèces marines comestibles, et, comme lui, il doit, en bon administrateur, ne laisser, autant que possible, aucune partie de son domaine vide et inexploitée. Il doit tirer parti de tout, et, bien que nous n'ayons parlé ici que des espèces d'une sérieuse importance au point de vue de la consommation générale et de l'alimentation, il existe encore mille autres individus marins, poissons, crustacés ou mollusques, variables suivant les parages, qui ne forment dans chacun d'eux qu'une branche de commerce restreinte à la localité où on les pêche, que le possesseur de claires doit s'attacher à multiplier et à améliorer ; répandus ensuite, grâce à nos rapides moyens de transport sur les divers marchés de la France, ils peuvent devenir pour lui une source de fortune.

Malgré les pas immenses que M. Coste et ses nombreux émules ont fait faire à la science qui nous occupe, on ne doit la considérer encore que comme étant dans son enfance, du moins au point de vue pratique, et comme laissant par suite beaucoup à faire à ceux qui voudront y consacrer leur temps et leurs peines ; mais en même temps elle est aujourd'hui sortie du domaine spéculatif, l'expérience a sanctionné l'excellence des principes sur lesquels elle repose et des procédés qu'elle emploie ; l'industriel peut donc s'en emparer sans crainte, et lui demander en retour de ses peines et de ses déboursés le succès et la richesse.

Pénétré de cette vérité, j'ai désiré coopérer aussi, dans l'étendue de mes faibles moyens, à la vulgarisation de cette science humanitaire. Puissé-je avoir réussi ! Mes vœux seront comblés si ce livre peut instruire ceux qui ignorent, et guider ceux qui pratiquent.

FIN.

TABLE DES MATIÈRES

PROCÉDÉS DE MULTIPLICATION ET D'ÉLEVAGE

DES HUÎTRES, DES MOULES, DES HOMARDS, DES LANGOUSTES, ETC.

Paris. Imprimerie de P.-A. BOURDIER ET Cᵉ, rue des Poitevins, 6.

Publication mensuelle fondée par EUGÈNE LACROIX
LE 1er JANVIER 1862

ANNALES DU GÉNIE CIVIL

ET

Recueil de Mémoires sur les Mathématiques pures et appliquées, — les Ponts et chaussées, — les Routes et Chemins de fer, — les Constructions et la Navigation maritime et fluviale, — les Mines, — l'Architecture, — la Métallurgie, — la Chimie, — la Physique, — les Arts mécaniques, — l'Économie industrielle, — le Génie rural,

REVUE DESCRIPTIVE DE L'INDUSTRIE FRANÇAISE ET ÉTRANGÈRE

PUBLIÉES PAR UNE RÉUNION D'INGÉNIEURS, D'ARCHITECTES, DE PROFESSEURS
ET D'ANCIENS ÉLÈVES

DE L'ÉCOLE CENTRALE ET DES ÉCOLES D'ARTS ET MÉTIERS

Avec le concours d'ingénieurs et de savants étrangers

CONDITIONS DE LA SOUSCRIPTION. — Les *Annales du Génie civil* paraissent mensuellement, depuis le 1er janvier 1862, par brochures de 4 à 5 feuilles grand in-8°, avec figures intercalées dans le texte et 3 ou 4 planches in-4° et in-folio, de manière à former chaque année un volume d'environ 800 pages et un atlas de 35 à 40 planches.

PRIX DE L'ABONNEMENT ANNUEL.

Pour toute la France (*franco*)......	20 f.	»
Pour l'étranger (*franco*).........................	25	»
Les numéros ou articles se vendent séparément......	3	»
Pour l'étranger (*franco*).........................	3	50
Prix de chaque année écoulée prise séparément, pour la France (*franco*).	25	»
Pour l'étranger (*franco*).........................	30	»

Les recouvrements sur la province étant très onéreux, pour des sommes au-dessous de 100 francs, et quelquefois impossibles pour certaines localités, nous prions instamment nos abonnés de suivre le mode que nous leur indiquons :

On s'abonne en adressant (franco), à l'ordre de M. EUGÈNE LACROIX, Propriétaire-Gérant, demeurant à Paris, 13, quai Malaquais, un mandat sur la poste ou un effet à vue sur Paris de la somme de VINGT FRANCS. Les nouveaux abonnés qui prennent en même temps ou qui s'engagent à prendre dans un temps déterminé les années parues, ne les payeront que VINGT FRANCS.

LES ABONNEMENTS PARTENT DU 1er JANVIER.

www.ingramcontent.com/pod-product-compliance
Lightning Source LLC
Chambersburg PA
CBHW031328210326
41519CB00048B/3571